SCREW CONVEYOR

스크류
컨베이어

스크류 컨베이어

초판 1쇄 발행 2018년 11월 2일

지은이 김병철
펴낸이 이기봉
편집 좋은땅 편집팀
펴낸곳 도서출판 좋은땅
주소 경기도 고양시 덕양구 통일로 140 B동 442호(동산동, 삼송테크노밸리)
전화 02)374-8616~7
팩스 02)374-8614
이메일 so20s@naver.com
홈페이지 www.g-world.co.kr

ISBN 979-11-6222-788-6 (03550)

이 도서의 국립중앙도서관 출판시도서목록(CIP)은 서지정보유통지원시스템 홈페이지(http://seoji.nl.go.kr)와 국가자료공동목록시스템(http://www.nl.go.kr/kolisnet)에서 이용하실 수 있습니다. (CIP제어번호 : CIP2018033319)

스크류 컨베이어

주로테크 주식회사 대표이사 김병철

좋은땅

서론

산업기계 중에서 Screw Conveyor처럼 다방면에서 사용되고 있는 기계는 흔치 않다.
SCREW CONVEYOR는 U자형의 Trough 또는 원통 케이싱 내에서 나사 모양의 날개를 회전시키는 구조로, 매우 간단하면서도 여러 설비에 응용하기 편리하고, 고장 또한 적은 편이다. 주로 분체(Dust, Fly ash, Cement 등)를 이송하는 데 사용된다.
그동안의 환경, 발전, 소각설비 등에 소요되는 Screw Conveyor를 설계한 경험과 "CEMA"규격에 준하여 주로테크(주)의 기술 표준을 만들고 초보자들도 쉽고 빠르게 이해할 수 있도록 작성하였다.

2018년 8월

목차

1. 기본 원리 … 6

2. 구성 요소 … 7

3. Screw Conveyor 적용 검토(Basic Check) … 71

4. Screw Conveyor 계산 예 … 72

1) 일반 Screw Conveyor 계산식

2) 발전소 Bed Ash 냉각용 Screw Conveyor 계산식

5. Screw Conveyor 참조 도면 … 88

1) 일반적인 Screw Conveyor(U–Type)

2) 일반적인 Screw Conveyor(O–Type)

3) 변형된 Screw Conveyor(Paddle Mixer)

4) 변형된 Screw Conveyor(Ash Cooler)

5) 변형된 Screw Conveyor(Rod Mixer)

6. Screw Conveyor 사진 … 93

7. Operation & Maintenance Manual … 95

1) Screw Conveyor

2) Paddle Mixer

1. 기본 원리

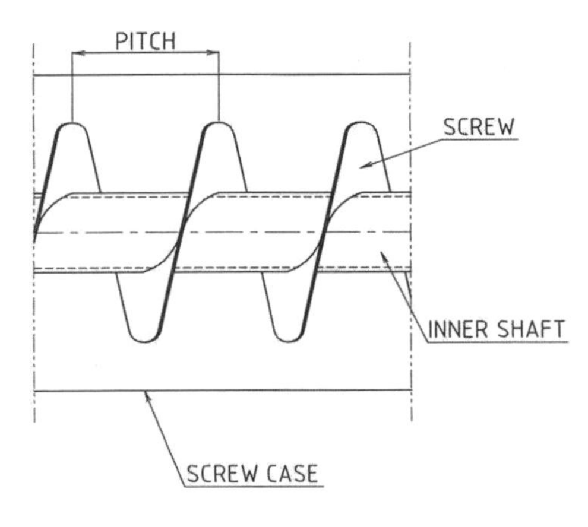

Screw conveyor는 Screw 날개와 운반물이 Case 內에서 마찰 작용하면서 반송(이송)하는 기계이다.
나선 형상의 Screw가 회전하면 이송물질(Feed Material)이 Screw Case 사이에서 마찰을 유발시켜 Case 內에서 이송물질을 전진하며, Screw 1회전당 1Pitch만큼 이송한다.
따라서, 이송 방향 반대 측에는 이송에 필요한 힘과 같은 반력이 작용한다.

2. 구성 요소

1) Case & Cover

2) Screw Flight & 중실축, 중공축

3) Drive Unit(Motor, Sprocket or Coupling)

4) Stuffing Box(Packing Housing & Packing Gland)

5) End Blind Cover

6) Drive Unit Base(Motor Base)

7) Side Bearing

8) In, Outlet Chute

9) Support Structure

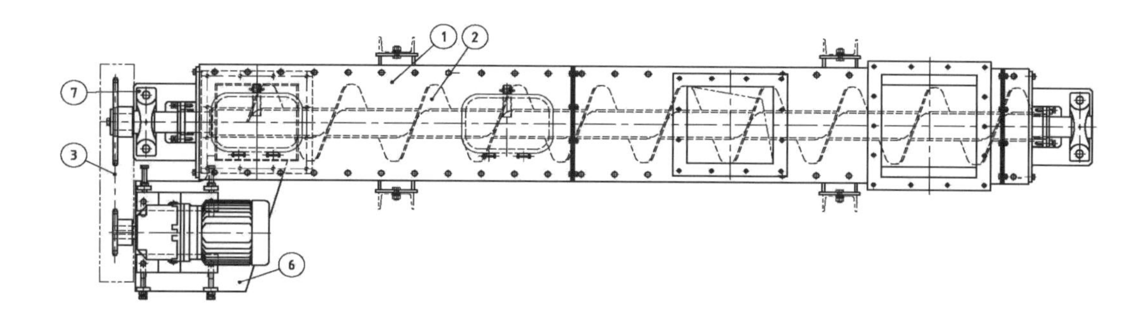

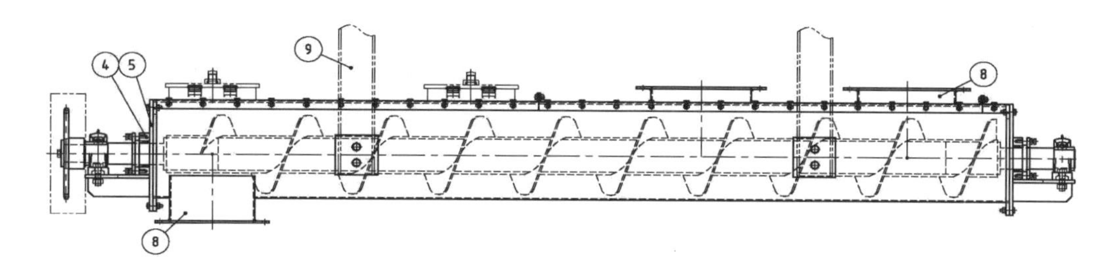

1) Case & Cover

- **Case**는 일반적으로 Pipe로 만들거나, 혹은 Steel Plate를 이용하여 "U"자로 만든다.
  또한 이송물질의 중간 공정에 따라서 여러 가지 Style이 있다.

1. Pipe Type

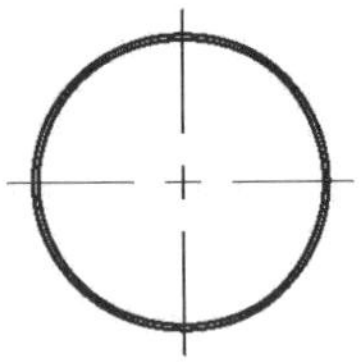

2. "U" Type

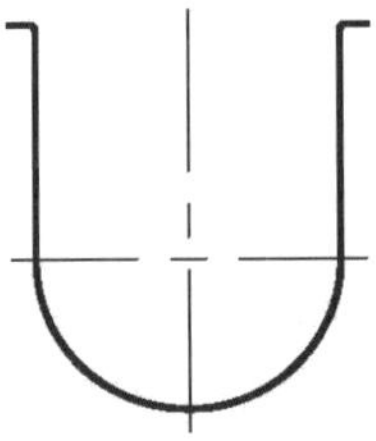

3. Chanel + "U" Type

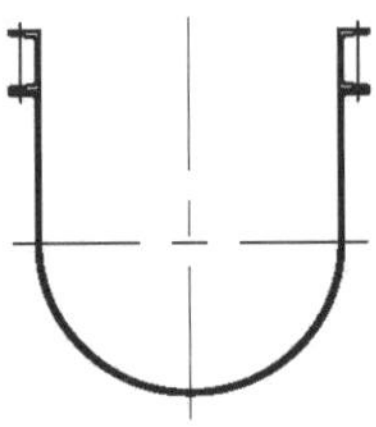

4. "U" Type + Jacket

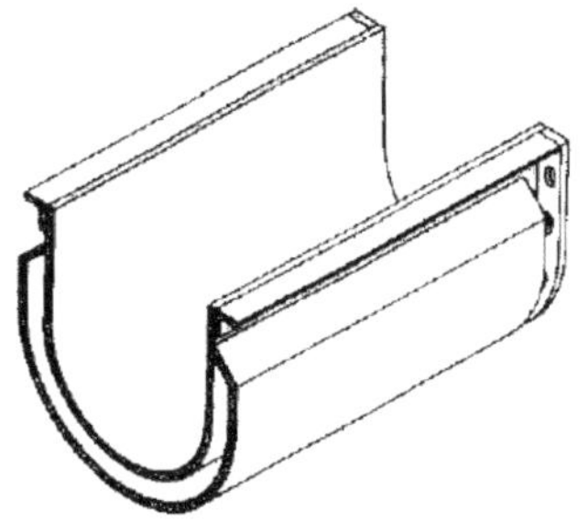

5. "U" Type Screen

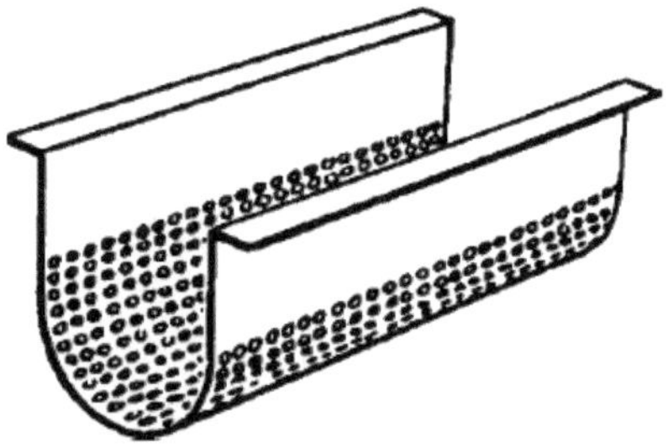

가) Pipe Type: 일반적으로 Pipe의 재질은 SGP이나, 경우에 따라서(이송물질의 성상 조건에 따라서) STPG370, 혹은 다른 재질을 사용한다.
Pipe Type은 제작하기 쉽고 단가가 싼 대신에 Cover가 없어서 점검 시 불편하다.
(날개 마모 시 육성 용접을 하게 되는데 Pipe Type은 Screw를 분리해서 작업, 하지만 다른 Style은 Cover만 분리 후 용접 육성이 가능하다.)

나) "U" Type: 일반적으로 Trough(Case) 재질은 SS400으로 제작하나 SB410, SM410로 제작할 수 있다.
"U" Trough에 별도의 Cover를 설치하기 때문에 Pipe Type보다 유지보수가 쉽다.
그러나 제작 시 Trough가 꼬이거나 용접 변형이 발생할 수 있기 때문에 제작 단가가 높은 편이다.

A.

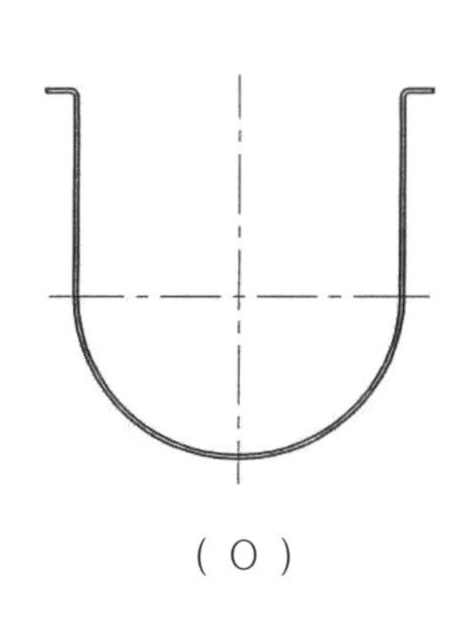

(O)

B.

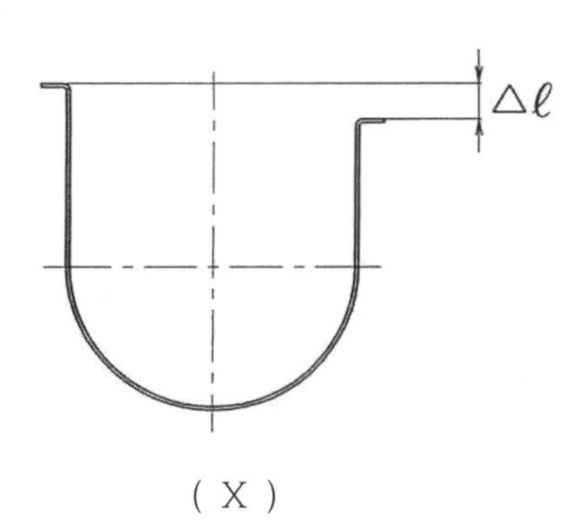

(X)

△ℓ = Max 2mm

상부와 같이 불량 요인을 제거하기 위해서 Trough 성형 전 다음과 같이 세밀한 계산 및 Marking이 필요하다.

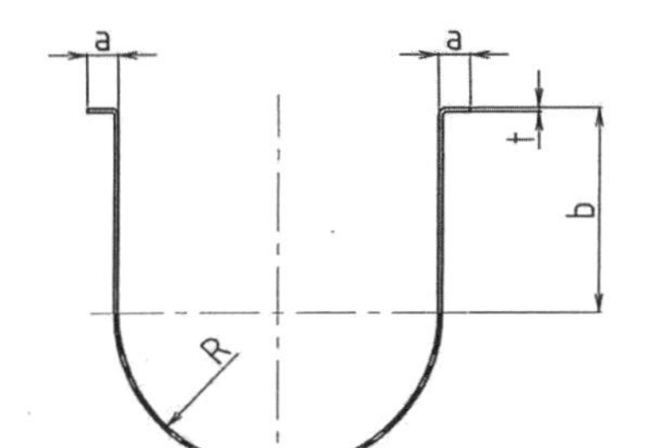

a = Flat Bar 쪽: 50, 65

직경	300∅ 미만	300~500∅	500∅ 이상
t	3.2~6t	6~9t	12t
길이	6m 이하	6~9m	9m 이상

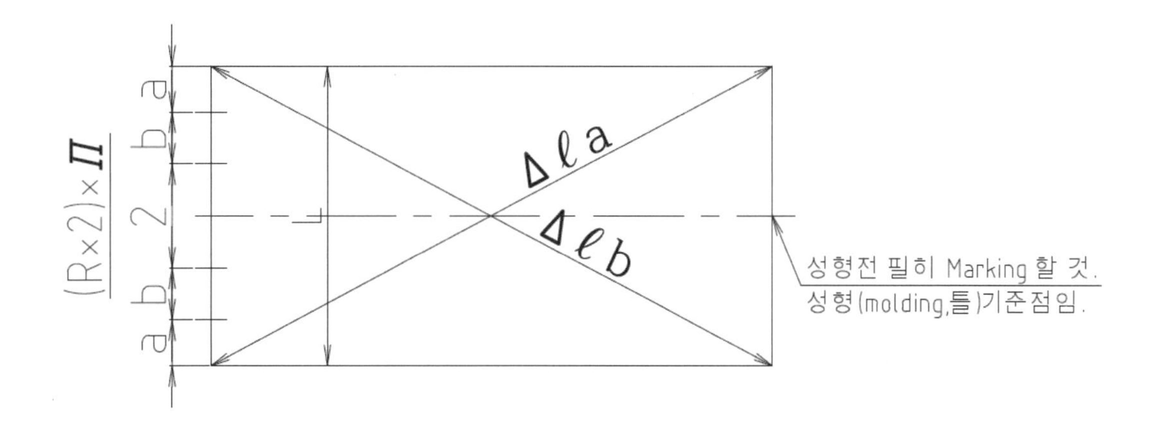

* 성형 방법은 절곡기(bending machine)를 이용하거나, 롤링 기계(rolling machine)를 사용한다.

* 절곡기 이용 방법

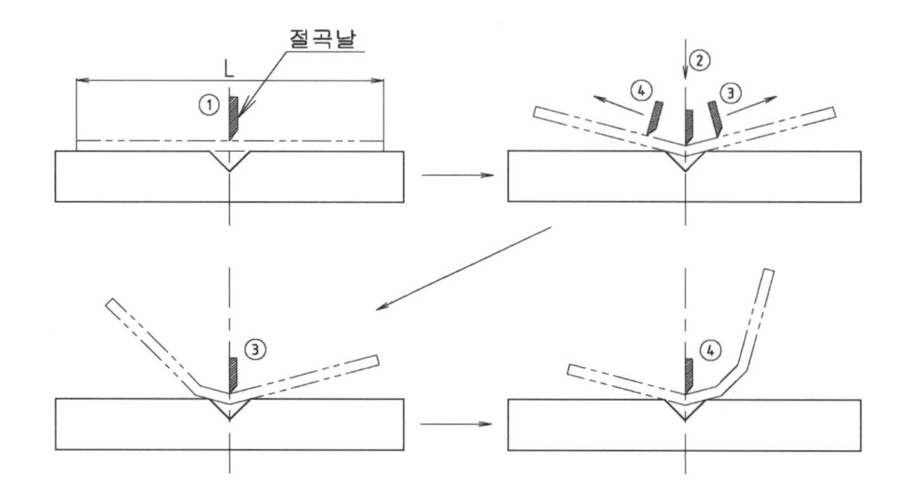

제작방법은 상부에서 보는 바와 같이 평평한 Plate를 절곡기에서 여러 차례 적당한 간격(보통 15~30mm)으로 찍어서 Trough 형상을 만든다(이는 일반 절곡 전문 회사에서 제작 가능하다). 유압식 절곡기를 이용하면 성형정밀도는 높다.

다) Cover: Cover는 "U" Type Case 상부에 있는 덮개를 말하며, 일반적으로 다음과 같은 것들이 있다.

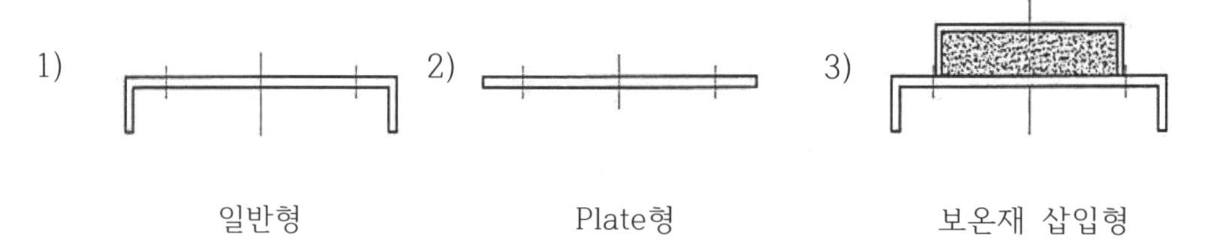

일반형 Plate형 보온재 삽입형

2) 설계 시 치수 및 재질결정 방법

- Cover 두께는 3.2~4.5t가 많이 사용되나 스크류 직경이 600mm 이상이면 6~9tmm를 적용할 수 있다.

그리고 Cover 및 Case 재질은 이송물질 및 온도 조건에 따라 다르다.

상온~150℃	150~200℃	200℃
Carbon steel (SS400)	Carbon Steel or Stainless	Stainless

라) Case 및 Cover에는 필요 시 Heat Tracing한다.

- Conveyor Case 內面(내면)은 대기온도 차에 의해서 이슬점이 형성되어 물방울이 생성될 수 있다.
  소각설비 中 발생되는 Fly Ash와 같은 이송물질은 물과 반응하면 딱딱히 굳어진다.
  따라서 Case 面에서 이슬점이 형성되는 것을 막아야 한다.
  사용되는 방법은 Case 표면 온도를 80℃ 이상으로 가열하여 유지시켜는 방법을 주로 사용한다. (Heat Tracing 및 보온)
  Ash 등의 온도가 매우 높은 경우는 무의미하지만 설계 온도가 150~200℃ 이하의 경우 실제 표면 온도가 100℃ 이하이므로 별도의 가열 장치가 필요하다.
  가열장치는 Steam을 이용하는 경우와 전기를 이용하는 방법이 있으나 일반적으로 보일러 System이 있는 경우는 Steam을 이용하고, 그렇지 않은 경우는 전기를 이용한다.

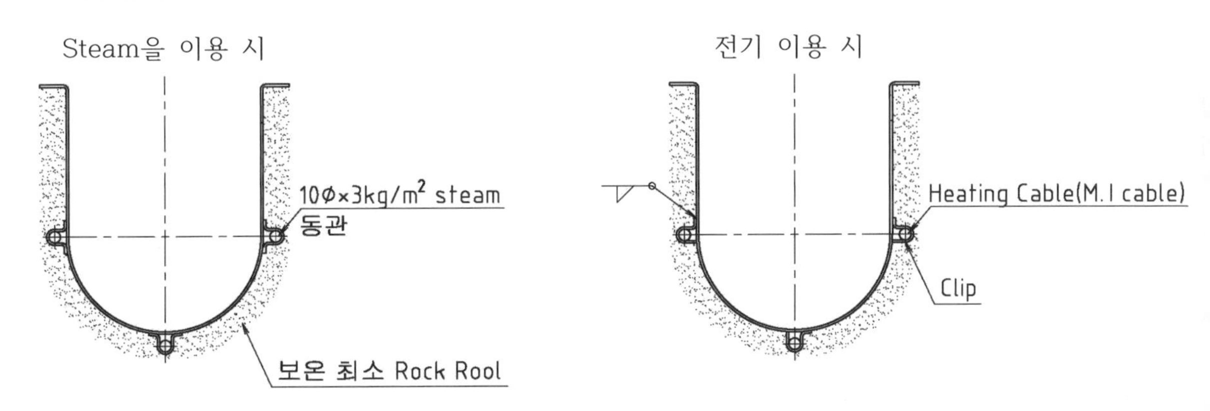

Electric Heater(Electric Cable)를 이용하여 Heat Tracing 시 계산방법은 다음과 같다.

---

1. Condition Of System

Maintenance Temperature	Tm = 176˚F(80˚C)
Minimum Ambient Temperature	Ta = 5˚F(-15˚C)
Nominal case Size	: ∅3000/∅800 × h2800
Insulation	: Rock/Wool 100T
Suppy Voltage	: 440V, 3P

2. Heat Trace Design
   1) Calculate The Temperature Differential
      $\Delta Tm/a$ = Tm-Ta = 171˚F
   2) Calculate The Surface Area of Case
      SA = πD(r+H) = 465FT²(43.2M²) × 1.5(GRARD BEAM FACTOR)=698FT²

3) OBTAIN THE HEAT LOSS FOR MAINTENANCE

$Qt = 0.02W/FT^{2}°F$

$Q' = Qt \times \Delta T = 3.42W/FT^{2}$

$Q = Q' \times 2(KTM+KTM) = 3.42 \times 2(0.31+0.25)=3.83W/FT^{2}$

4) Calculate The Total Heat Loss

$W' = Q \times SA = 2873watts$

$W = W' \times 1.2 = 3208watts$

3. Determine The Heating Cable Catalogue Number = B/K095/55M/3705W/440V

마. Trough Loading률

Trough Loading률이란, 이송물질을 Case에서 받아 이송하는데 Case 내부에 어느 정도 쌓아서 이송하는지를 결정하는 율(Persent)이다.
즉, 이송해 갈 수 있는 능력이 아니라 이송하는 case의 크기를 결정하기 위한 이송률임에 주의한다. 즉, Trough Loading률은 스크류 회전수가 느릴수록 높아지고 빠를수록 낮아진다. 일반적으로 10RPM이고, 상부 기계에서 무제한으로 이송물을 공급할 경우 90% 이상이고, 10~30RPM 정도이면 60% 정도이다. 그러나 상부 정량 공급기가 설치되어 정량으로 유입될 때는 Trough Loading률이 30~45% 정도 되게 설계한다. 만일, 정량 공급기가 없고 Hopper 또는 Silo 등이 설치되어 있는 경우는 이송물이 무제한적으로 유입된다고 가정하고 설계하여야 한다. 따라서 이송용량의 중요한 Factor인 Trough Loading률은 RPM 범위에 따라서 적절하게 선정하여야 한다.

RPM	~10RPM	10~30RPM	30RPM 이상
Trough Loading률	90%	60%	30~45%

Trough가 경사지게 설치된다면 상기 Table 값에서 보정해야 한다.
10° 미만의 경우 10%, 10~20°의 경우 20%, 20° 이상의 경우 30%를 낮게 선정한다.
예) Screw에 무제한으로 공급되는 컨베이어에서 10RPM이면서 30° 경사지게 설치되는 경우의 적절한 Trough Loading률은 (90% × 70% = 63%)이다.

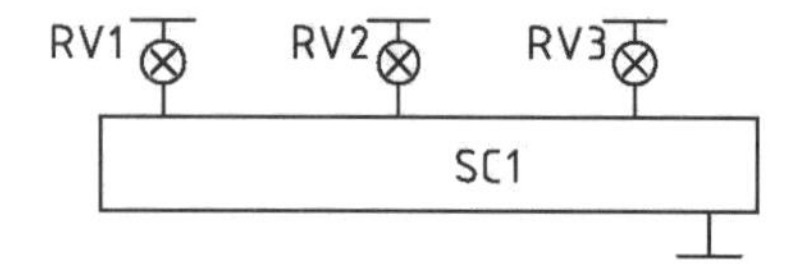

상기 그림에서 RV1, RV2, RV3는 Rotary Valve이고, SC1은 Screw Conveyor이다. 이렇게 설치되는 Screw conveyor 정격 용량은 RV1~RV3의 MAX 용량으로 계산하여야 한다. 그리고 RV1~RV3의 MAX. 배출량을 더해서 Screw Conveyor의 MAX 용량이 되도록 계산한다(이때 Trough Loading률은 MAX. 90%를 넘지 않아야 한다).

따라서 RV1~RV3의 용량은 불필요하게 크게 하지 않는 것이 좋다.

2) SCREW FLIGHT & 중실축, 중공축

가) Screw Flight

Screw Flight에는 여러 가지 종류가 있다(CEMA 규정집에서 발췌).

BASIC CONVEYOR FLIGHT AND PITCH TYPES

STANDARD PITCH, SINGLE FLIGHT

Conveyor screws with pitch equal to screw diameter are considered standard. They are suitable for a wide range of materials in most conventional applications.

TAPERED, STANDARD PITCH, SINGLE FLIGHT

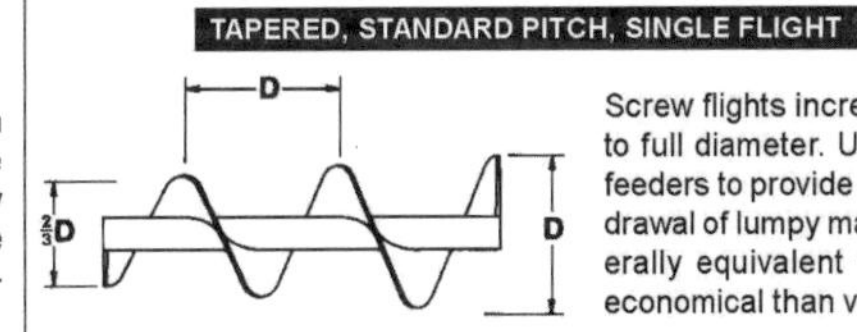

Screw flights increase from 2/3 to full diameter. Used in screw feeders to provide uniform withdrawal of lumpy materials. Generally equivalent to and more economical than variable pitch.

SHORT PITCH, SINGLE FLIGHT

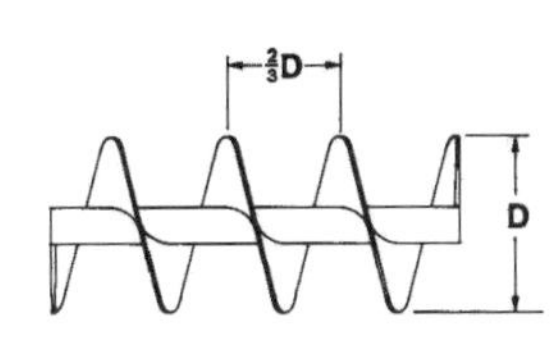

Flight pitch is reduced to 2/3 diameter. Recommended for inclined or vertical applications. Used in screw feeders. Shorter pitch retards flushing of materials which fluidize.

SINGLE CUT-FLIGHT, STANDARD PITCH

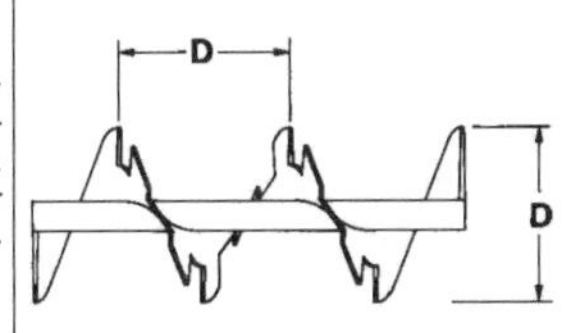

Screws are notched at regular intervals at outer edge. Affords mixing action and agitation of material in transit. Useful for moving materials which tend to pack.

HALF PITCH, SINGLE FLIGHT

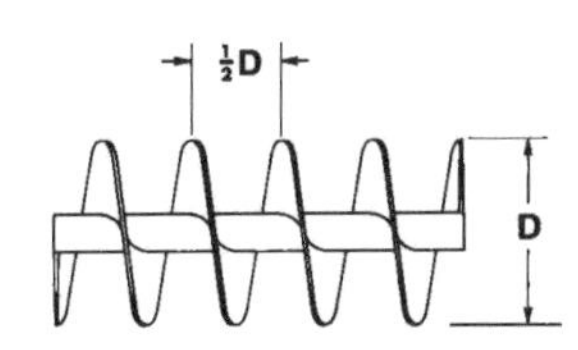

Similar to short pitch, except pitch is reduced to 1/2 standard pitch. Useful for vertical or inclined applications, for screw feeders and for handling extremely fluid materials.

CUT & FOLDED FLIGHT, STANDARD PITCH

Folded flight segments lift and spill the material. Partially retarded low provides thorough mixing action. Excellent for heating, cooling or aerating light substances.

LONG PITCH, SINGLE FLIGHT

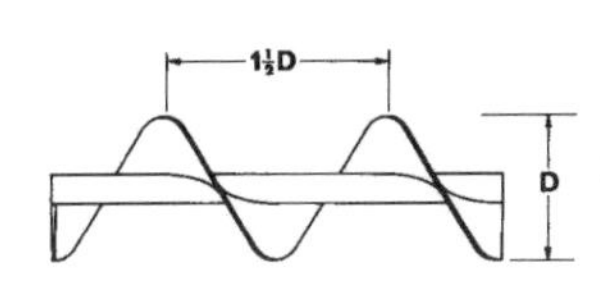

Pitch is equal to 1 ½ diameters. Useful for agitating fluid materials or for rapid movement of very freeflowing materials.

SINGLE FLIGHT RIBBON

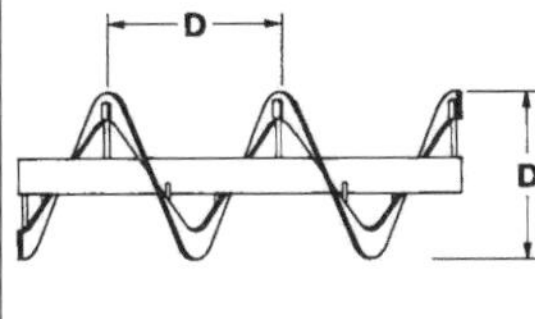

Excellent for conveying sticky or viscous materials. Open space between flighting and pipe eliminates collection and build up of the material.

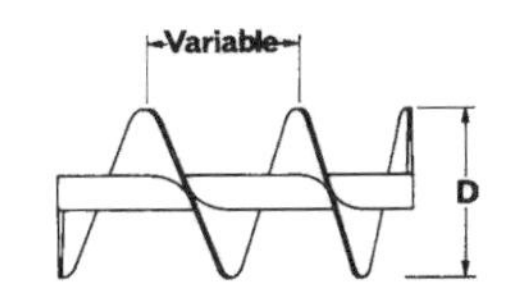

Flights have increasing pitch and are used in screw feeders to provide uniform with drawal of fine, freeflowing materials over the full length of the inlet opening.

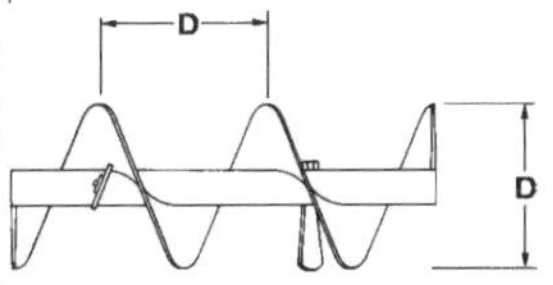

Adjustable paddles positioned between screw flights oppose flow to provide gentle but thorough mixing action.

DOUBLE FLIGHT, STANDARD PITCH

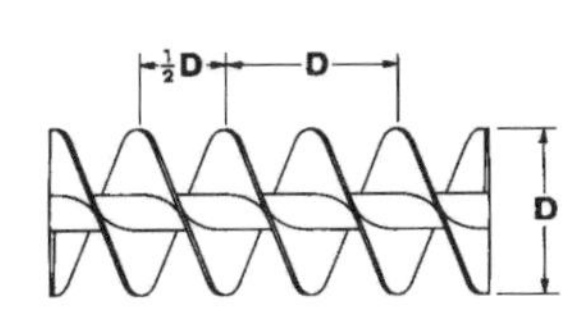

Double flight, standard pitch screws provide smooth, regular material flow and uniform movement of certain types of materials.

PADDLE

Adjustable paddles provide complete mixing action, and controlled material flow.

나) 날개 두께: 일반적으로 날개 두께는 4.5t가 많이 사용된다.

Screw 날개 직경 및 온도 그리고 운반물의 마모성에 따라 달리 한다.

- 일반산업 PLANT의 DUST(ASH, POWDER) 기준
  SCREW 직경 ~300mm : 4.5~6t
  SCREW 직경 300~600mm : 6~9t
  SCREW 직경 600mm 이상 : 12t
- 발전소(COAL, WOOD CHIP, SRF)의 ASH HANDLING SYSTEM 기준
  SCREW 직경 ~300mm : 6~9t
  SCREW 직경 300~600mm : 9~12t
  SCREW 직경 600mm 이상 : 16t
- 운반물 온도 = 상온~100℃ = 4.5t
  100~200℃ = 6t
  200℃ 이상 = 9t
- 운반물의 마모성, 일반적인 물질 = 4.5~6t, 마모성이 크면 12t 이상.

예) 일반산업 Plant에서 500Φ이면서, 150℃의 ASH의 경우
300~600D 사이이므로 : 6~9t
150℃이므로 6t
마모성은 일반적인 Ash이므로 4.5~6t
따라서 4.5~9t 사이 중에서 높은 9t를 적용해야 한다.

- 첨부 CEMA 규정 및 LINK BELT 규정집 참조.

CEMA® SCREW CONVEYORS

CONVEYOR SCREWS

SECTIONAL

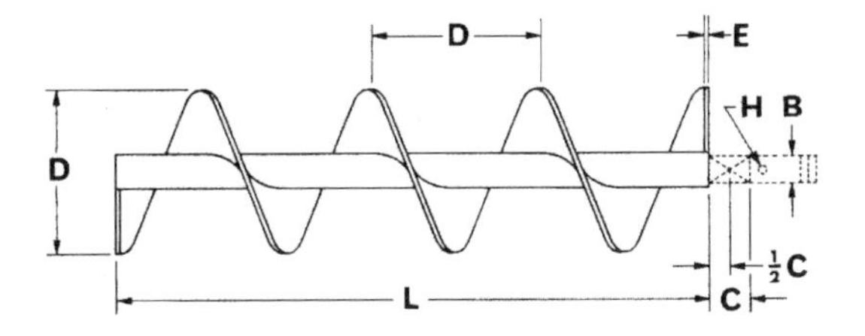

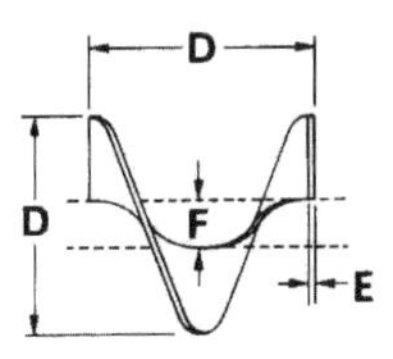

Dimensions

D Dia. & Pitch	B Cplg. Dia.	Conveyor Size Designation	E Flight Thickness	Pipe Size		C Bearing Length	H Coupling Bolts	L standard Length Ft-In.	Average Weight		
				* Inside	F Outside				Complete Screw		Flight Only
									Std. Lgth.	Per Ft.	
6	1½	6S309	10 ga.	2	2⅜	2	½ x 3	9-10	65	7	1.3
		6S312	3/16						75	8	1.7
		6S316	¼						85	9	2.2
9	1½	9S309	10 ga.	2	2⅜	2	½ x 3	9-10	80	8	3.3
		9S312	3/16						95	10	4.3
		9S316	¼						115	12	5.8
	2	9S409	10 ga.	2½	2⅞	2	⅝ x 3⅝	9-10	100	10	3.3
		9S412	3/16						115	12	4.3
		9S416	¼						130	13	5.5
		9S424	⅜						162	16	7.9
10	1½	10S309	10 ga.	2	2⅜	2	½ x 3	9-10	85	9	3.9
		10S312	3/16						98	10	5.0
	2	10S409	10 ga.	2½	2⅞	2	⅝ x 3⅝	9-10	107	11	3.9
		10S412	3/16						120	12	5.0
		10S416	¼						140	14	6.7

CEMA® SCREW CONVEYORS

CONVEYOR SCREWS

SECTIONAL

Dimensions

D Dia. & Pitch	B Cplg. Dia.	Conveyor Size Designation	E Flight Thickness	Pipe Size * Inside	Pipe Size F Outside	C Bearing Length	H Coupling Bolts	L Standard Length Ft-in.	Average Weight Complete Screw Std. Lgth.	Average Weight Complete Screw per Ft.	Average Weight Flight only
12	2	12S409	10 ga.	2½	2⅞	2	⅝x3⅝	11-10	140	12	5.4
		12S412	3/16						156	13	7.2
		12S416	¼								9.7
	2 7/16	12S509	10 ga.	3	3½	3	⅝x4⅜	11-10	160	14	5.4
		12S512	3/16						178	15	7.2
		12S516	¼						210	18	9.7
		12S524	⅜						265	22	14.4
	3	12S612	3/16	3½	4	3	¾x5	11-10	187	16	7.2
		12S616	¼						216	18	9.7
		12S624	⅜						280	24	14.4
14	2 7/16	14S509	10 ga.	3	3½	3	⅝x4⅜	11-9	185	16	7.2
		14S512	3/16						214	18	9.9
		14S516	¼						247	21	13.2
	3	14S612	3/16	3½	4	3	¾x5	11-9	213	18	9.9
		14S616	¼						246	21	13.2
		14S624	⅜						342	29	19.8
16	3	16S609	10 ga.	3½	4	3	¾x5	11-9	204	17	10.0
		16S612	3/16						234	20	13.5
		16S616	¼						282	24	18.0
		16S624	⅜						365	31	27.0
		16S632	½						420	36	36.0
18	3	18S612	3/16	3½	4	3	¾x5	11-9	246	21	18.0
		18S616	¼						294	25	24.0
		18S624	⅜						425	36	36.0
		18S632	½						530	44	48.0
20	3	20S612	3/16	3½	4	3	¾x5	11-9	300	26	20.0
		20S616	¼						360	31	28.0
		20S624	⅜						410	35	40.0
		20S632	½						506	43	56.0
	3 7/16	20S712	3/16	4	4½	4	⅞x5½	11-8	319	27	20.0
		20S716	¼						379	32	28.0
		20S724	⅜						429	37	40.0
		20S732	½						525	45	56.0
24	3 7/16	24S712	3/16	4	4½	4	⅞x5½	11-8	440	37	32.0
		24S716	¼						510	43	42.0
		24S724	⅜						595	50	64.0
		24S732	½						690	60	84.0

conveyors and components

screw conveyor components

Sectional flight conveyor screws

Sectional flight conveyor screws consist of individual flights blanked from steel plate, formed into a helix, then butt welded together and welded to a pipe or shaft, with steel lugs welded to pipe and flights at both ends and with spaced intermittent welds. Both ends of the pipe have permanent internal collars with inside diameters to accept couplings, drive shafts or end shafts.

Many modifications are possible with sectional flight screws to meet specific needs. The flights may be butt or lap welded together. They can be continuous welded to the pipe on one or both sides, where severe conveying applications require rugged construction.

Quik-Link sectional flight conveyor screws are shown on page 605.

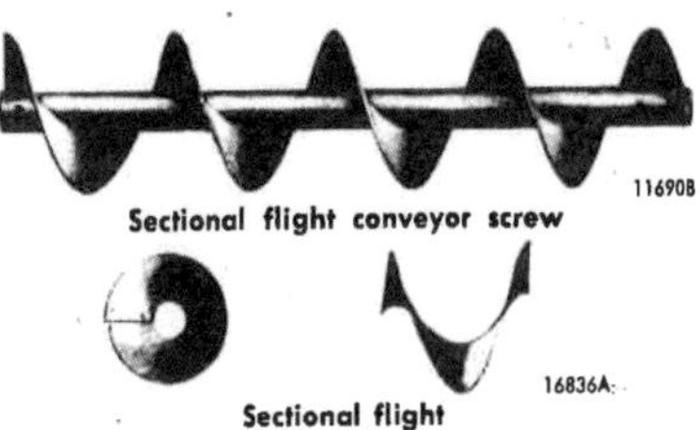

Sectional flight conveyor screw

Sectional flight

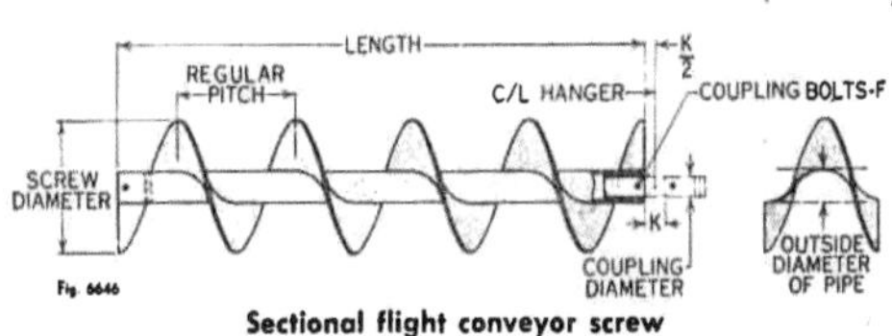

Sectional flight conveyor screw

Screw diameter, inches	Coupling diameter, inches	Conveyor screw number ★	Length, feet and inches	Average weight, pounds		Maximum horse-power at 100 RPM ▲	Nominal pipe diameter, inches		Thickness of flights	Pitch, inches	F inches	K inches	Flights only ■ Average weight, pounds
				Per section	Per foot		Inside	Outside					
6	1½	6S307-E	9-10	62	6	5	2	2⅜	12 ga.	6	½	2	1.0
	1½	6S309-E	9-10	65	7	5	2	2⅜	10 ga.	6	½	2	1.3
	1½	6S312-E	9-10	75	8	5	2	2⅜	3/16"	6	½	2	1.7
9	1½	9S307-E	9-10	73	7.5	5	2	2⅜	12 ga.	9	½	2	2.5
	1½	9S309-E	9-10	80	8	5	2	2⅜	10 ga.	9	½	2	3.3
	1½	9S312-E	9-10	95	10	5	2	2⅜	3/16"	9	½	2	4.3
	2	9S407-E	9-10	90	9	10	2½	2⅞	12 ga.	9	⅝	2	2.5
	2	9S409-E	9-10	100	10	10	2½	2⅞	10 ga.	9	⅝	2	3.3
	2	9S412-E	9-10	115	12	10	2½	2⅞	3/16"	9	⅝	2	4.3
	2	9S416-E	9-10	130	13	10	2½	2⅞	¼"	9	⅝	2	5.5
10	1½	10S309-E	9-10	85	9	5	2	2⅜	10 ga.	10	½	2	3.9
	2	10S412-E	9-10	120	12	10	2½	2⅞	3/16"	10	⅝	2	5.0
12	2	12S409-E	11-10	140	12	10	2½	2⅞	10 ga.	12	⅝	2	5.7
	2	12S412-E	11-10	156	13	10	2½	2⅞	3/16"	12	⅝	2	7.2
	2 7/16	12S509-E	11-9	160	14	15	3	3½	10 ga.	12	⅝	3	5.7
	2 7/16	12S512-E	11-9	178	15	15	3	3½	3/16"	12	⅝	3	7.2
	2 7/16	12S516-E	11-9	210	17.5	15	3	3½	¼"	12	⅝	3	9.7
	2 7/16	12S616-E	11-9	216	18	25	3½	4	¼"	12	¾	3	9.7
	2 7/16	12S624-E	11-9	280	24	25	3½	4	⅜"	12	¾	3	12.7
14	2 7/16	14S509-E	11-9	185	16	15	3	3½	10 ga.	14	⅝	3	7.1
	2 7/16	14S512-E	11-9	214	18	15	3	3½	3/16"	14	⅝	3	9.9
	3	14S616-E	11-9	246	21	25	3½	4	¼"	14	¾	3	13.2
	3	14S624-E	11-9	342	29	25	3½	4	⅜"	14	¾	3	19.8
16	3	16S609-E	11-9	210	18	25	3½	4	10 ga.	16	¾	3	10.0
	3	16S612-E	11-9	234	20	25	3½	4	3/16"	16	¾	3	14.0
	3	16S616-E	11-9	282	24	25	3½	4	¼"	16	¾	3	18.0
	3	16S624-E	11-9	365	31	25	3½	4	⅜"	16	¾	3	25.5
	3	16S632-E	11-9	420	36	25	3½	4	½"	16	¾	3	34.5
18	3	18S612-E	11-9	246	21	25	3½	4	3/16"	18	¾	3	18.0
	3	18S616-E	11-9	294	25	25	3½	4	¼"	18	¾	3	24.0
	3	18S624-E	11-9	425	36	25	3½	4	⅜"	18	¾	3	34.5
	3	18S632-E	11-9	530	44	25	3½	4	½"	18	¾	3	46.0
20	3	20S612-E	11-9	300	26	25	3½	4	3/16"	20	¾	3	20.0
	3	20S616-E	11-9	360	31	25	3½	4	¼"	20	¾	3	28.0
	3	20S624-E	11-9	410	35	41	3½	4	⅜"	20	⅞	3	40.0
24	3 7/16	24S712-E	11-8	440	37	41	4	4½	3/16"	24	⅞	4	32.0
	3 7/16	24S716-E	11-8	510	43	41	4	4½	¼"	24	⅞	4	42.0
	3 7/16	24S724-E	11-8	595	50	41	4	4½	⅜"	24	⅞	4	63.0
	3 7/16	24S732-E	11-8	690	60	41	4	4½	½"	24	⅞	4	84.0

Have dimensions certified for installation purposes.

★ Conveyor screws of the more popular sizes and unassembled parts for the other sizes normally carried in stock. In ordering, specify conveyor screw number and whether right or left hand. Couplings and coupling bolts are not included. For other screw lengths, specify size, right or left hand and length desired. Conveyor screws can be furnished with heavier pipes or with solid shafts.

■ All sizes of flights normally carried in stock. In ordering, specify whether end or intermediate flights and whether right or left hand.

▲ Horsepower directly proportional to speed.

다) 날개 재질: 일반적인 재질은 SS400이나 이송물질의 부착성, 온도 등을 고려해서 결정된다. 부착성이 크면 STS304로 사용한다.
온도가 100˚C 이상이면 SM410A or SM410B를 사용한다.
마모성이 크면 날개 끝면에 내마모 용접봉으로 폭은 25 이상 두께는 2~4mm 정도 육성하며, 날개 재질을 SM45C로 하여 열처리한다.
내마모성 향상을 위해서 용접육성할 경우 추천되는 용접봉은 CSF-600H이다.

라) 날개 Pitch: 일반적인 날개 Pitch는 Screw 직경과 같은 치수로 결정되나, 직경보다 작게 결정할 수 있다.
Pitch가 크면 날개 1회전당 운반하는 길이가 커지므로 이송량은 증가하나, Screw의 마모 등이 커지고 Motor Power 또한 증가한다.
: 날개 Pitch를 크게 하고 Lead 수를 2개로 한 경우도 있으며, 이는 Water 등 액상 이송물질을 Feeding 시 많이 사용된다.
: Conveyor Case 內로 투입되는 곳, 즉 Inlet부는 Screw Pitch를 짧게 하고 (Inlet 개구의 약 2배 이상 거리) 출구 쪽에는 Pitch를 길게 하면 Case 內部에서 이송 물질이 적층되는 현상이 없고 Conveyor 움직임이 부드러워진다.

* Screw 제작 순서 및 용접
- 小형의 경우: 기계 가공된 Flight를 약 10~20pitch용씩 접하여 중공축에 끼워 chain block이나 crane으로 늘리면서 축과 flight를 (50-150) 으로 용접한다.
- 大형의 경우: 날개를 별도의 Jig에서 성형 후 중공축에 welding 한다.
- Screw 날개와 중공축간의 용접은 50~150으로 단속용접이 일반적이나, 용접변형을 최소화하기 위해서는 양면 전용접을 실시할 수 있다.

* Screw 날개 전개법

1) 첫 번째 방법
(나사의 원리를 이용하는 방법)

$dm = ((\sqrt{(d \times \pi)^2 + p^2})/\pi)$

예) 스크류 외경= 300mm
스크류 축경= 4^B = 114.3mm
스크류 pitch= 200mm

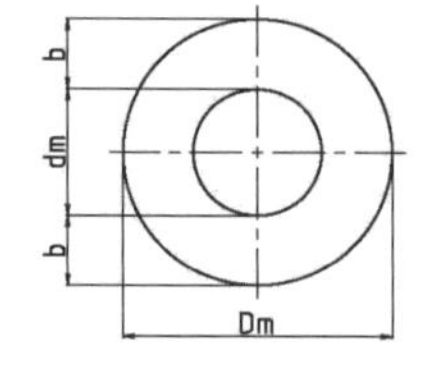

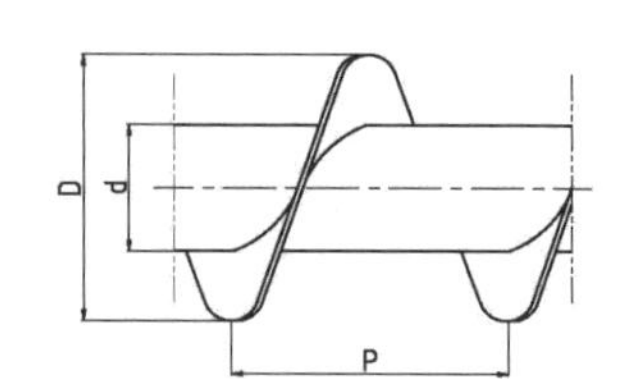

$dm = \sqrt{(114.3 \times \pi)^2 + 200^2)} / \pi = 130.84mm$
$Dm = dm + b$
$b = 300 - 114.3 = 185.7$
$Dm = 130.84 + 185.7 = 316.54mm$

즉, 절단한 철판 내경은 130.84mm이고 절단한 철판 외경은 316.54mm이다.

2) 두 번째 방법
(첫 번째 방법으로 계산된 절단치수를 날개 두께를 고려한 보정 값에 반영하는 방법)

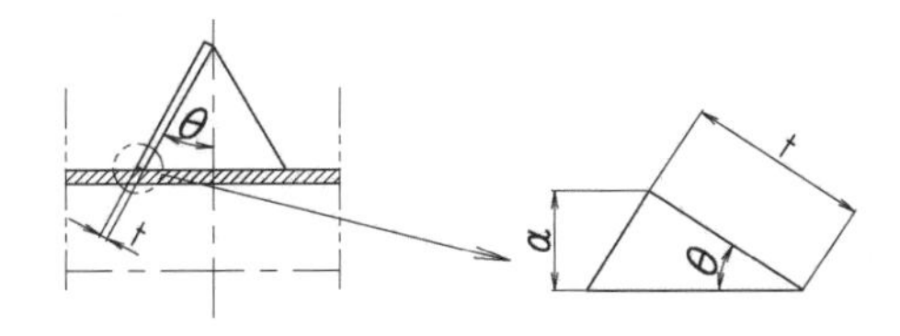

예) 날개 두께가 6mm이고 날개 피치가 200mm일 경우 α값 계산은 다음과 같다.

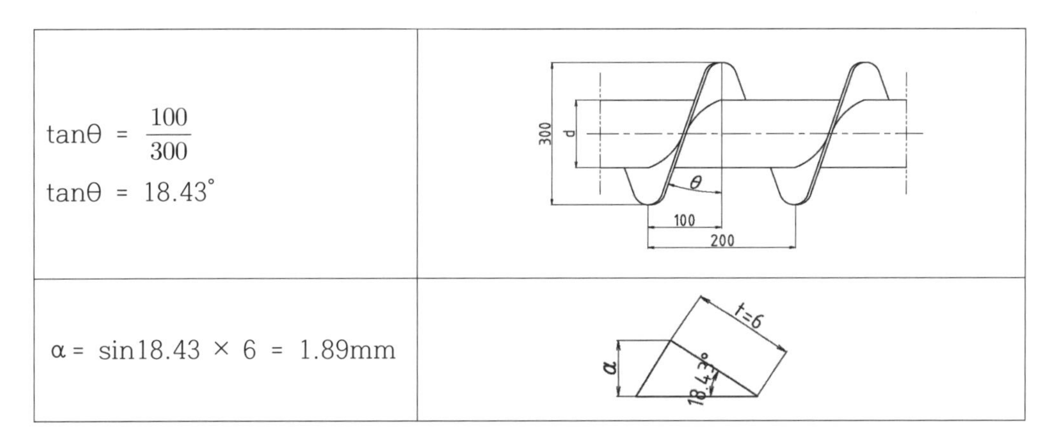

$\tan\theta = \dfrac{100}{300}$ $\tan\theta = 18.43°$	300, d, θ, 100, 200
$\alpha = \sin 18.43 \times 6 = 1.89mm$	t=6, α, 18.43°

따라서 철판절단치수 내경은 dm + 2α = 130.84 + (2 × 1.89)
dm = 134.62m
Dm = 134.62 + 185.7 = 320.32mm(보정된 값으로 절단한다.)

3) 세 번째 방법
Auto Cad를 이용한 방법.
Auto Cad로 다음과 같이 작도한다.

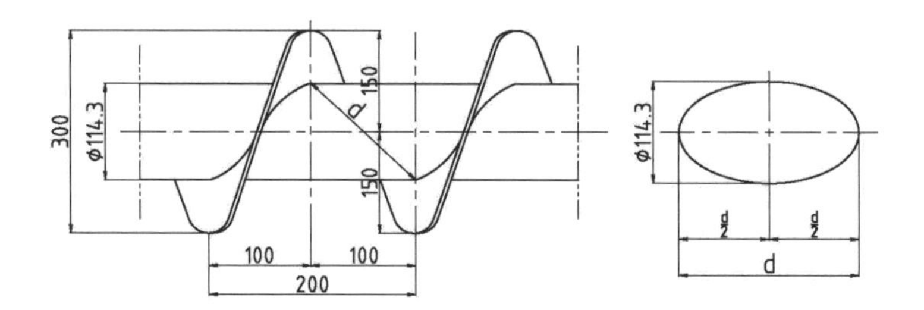

cad에서 d와 d'로 타원을 작도 후 타원 길이를 cad에서 list하여 원주율로 나누면 그 값이 기계가공해야 할 내경 값이 된다.

타원 원주거리를 Auto Cad에서 "List"명령어를 이용하면 420.1839mm가 계산된다.

그래서 dm = 420.1839/π = 133.81mm이고

Dm = 133.81+185.7 = 319.51mm이다.

1) 나사원리로 계산, dm = 130.84, Dm = 316.34
2) 날개 두께 보정, dm = 134.62, Dm = 320.32
3) Auto Cad 방법, dm = 133.81, Dm = 319.51

당사 경험상 3)이 가장 적합하다.

- 날개 pitch 변화

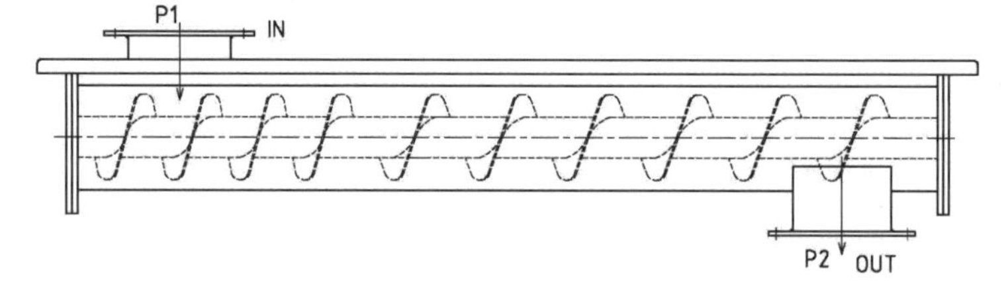

Inlet部 Pitch = P_1
Outlet部 Pitch = P_2

일반적으로 P_1 측 Screw Pitch가 P_2 측 Screw Pitch보다 적다. Inlet部에서 Pitch가 적으면 Feeding이 자연스럽고 Trough 내부에서 이송물질이 체류되는 현상이 없으나 P_2가 적으면 중간부에서 이송물질이 체류되는 현상이 생긴다.
그러나 성형기 대용으로 쓰이는 Conveyor는 그 반대로 해야 압출 성형기 기능이 높다. 스크류 성형기에서는 Screw Pitch Inlet부가 Outlet부보다 커야 한다.

마) 중공축

- 중공축은 일반적으로 원형 PIPE가 많이 사용되나 경우에 따라 다른 부재를 사용하기도 한다.

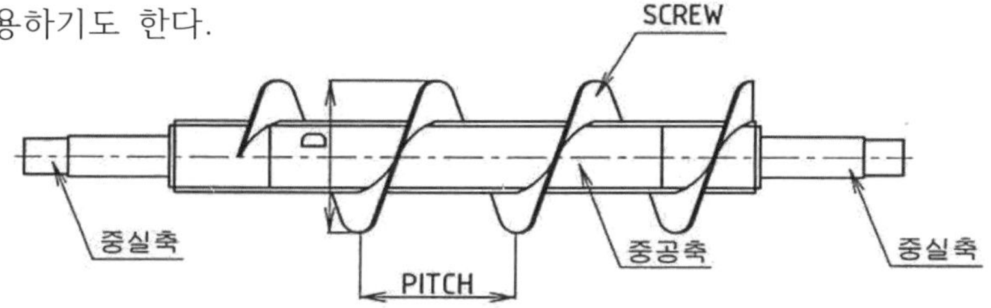

중공축으로 원형 PIPE를 사용 시 다음 식에 준하여 자중에 의한 처짐을 계산하여야 한다. 처짐이 심한 부(가운데)에서의 최대 처짐은 1/4"(6.35mm) 이하가 처지도록 설정하여야 한다. 주요변수는 중공축의 직경 3B = 89.1∅, 4B = 114.3∅, 5B, 6B 등이 사용되고 중공축의 두께는 SCH40#, 60#, 80#, 120# 등이 사용된다.
(TABLE 2-2참조.)

- Shaft Defletion. $\Delta \ell$

$\Delta \ell = 5 \times W \times \ell^3 / (384 \times E \times I)$

W = Screw 자중(ibs), 1kg = 2.20462 ℓbs

ℓ = Bearing간 거리 (inch), 1" = 25.4mm

E = 영율, steel 영율 = $2.1 \times 10^6 (cm^4)$ = 30,000,000lbs(inch)

I = 단면 2차 Moment (in^4) → (table 2-1, 2-2 참조.)

$\Delta \ell$의 최대 허용치는 1/4" = 6.35mm(CEMA에서 규정한 최대 처짐 = 1/4inch)
그러나 제작 시 변형을 감안하여 4mm 미만이 되도록 설계한다.

* Screw 날개와 중공축 용접 후에는 중공축이 변형된다.
이때는 다음과 같이 보완, 교정한다.

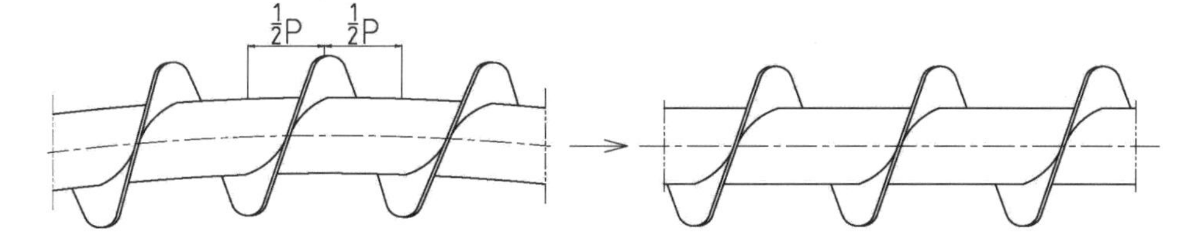

화살표 방향에 산소 + LPG 토치로 점식 가열한다 → 찬물로 순간적으로 냉각한다 → 반복한다.

* Repair 후 공차는 ±1.2mm까지 할 수 있다.
- 용접 변형을 줄이기 위해서는 용접 방향과 각장에 주의한다.

- 중실축과 중공축을 연결하는 방법은 일반적으로 Reamer Bolt를 이용한다. 리머 bolt 수량은 1개당 2EA 이상 사용하는데, 서로 인접한 볼트끼리는 90°로 회전되게 설치하여야 동력 전달에 이상이 없다.

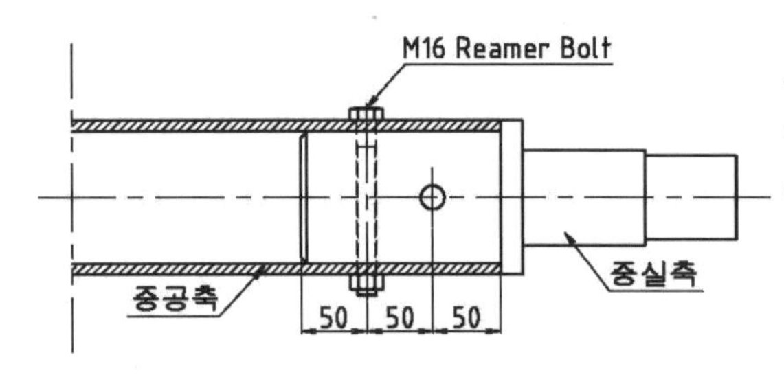

중실축과 중공축의 끼워 맞춤 공차는 억지 끼워 맞춤이며, 조립 시 열 박음을 행해야 한다.

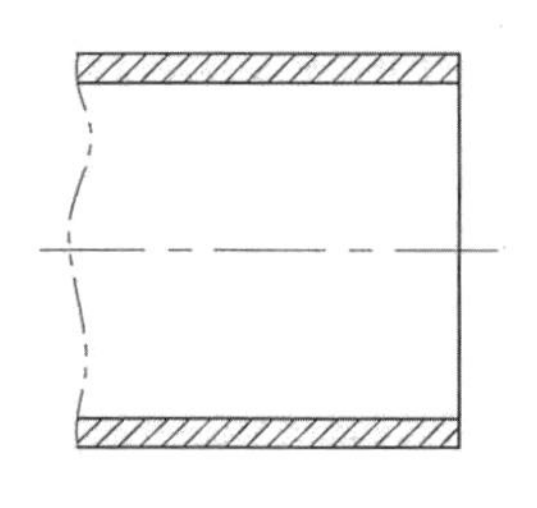

Pipe 면에 산소토치로 350℃ 이상 가열하면 Pipe 내경은 팽창하여 중실축과 끼워 맞춤하기 편리하다.

- 열팽창에 따른 Shaft 설계(Motor 반대 측임)
  Motor 측은 일반형의 경우처럼 GAP이 "O" Zero이다. 그러나 Motor 반대 측 즉, 피동축부는 α만큼 Gap이 필요하다.

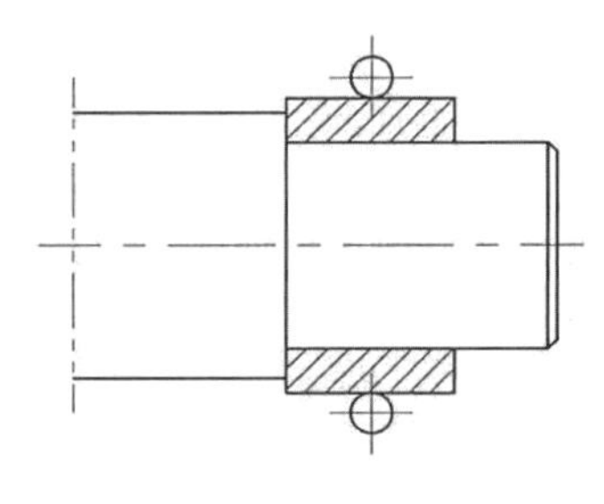

GAP이 일반형일 경우 "O"

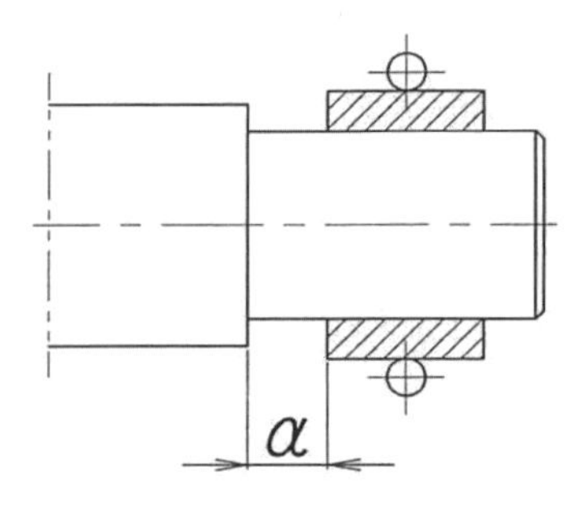

열팽창이 있을 경우 α는 Conveyor m × Mat'l Temp./100

EX. 6M × 100℃ 경우

6 × 100/100 = 6 = α

* 단면 2차 모우먼트 계산법 Table 2-1 (1/3)

No	단면 상태	단면적	단면이차 모우먼트	계수	반경
1		bh	$\frac{1}{12}bh^3$	$\frac{1}{6}bh^2$	$\frac{1}{12}h^2$ $(R=0.289h)$
2		bh	$\frac{b^3h^3}{6(b^2+h^2)}$	$\frac{b^2h^2}{6\sqrt{b^2+h^2}}$	$\frac{b^2h^2}{6(b^2+h^2)}$
3		$\frac{1}{2}bh$	$\frac{1}{36}bh^3$	$e_1=\frac{2}{3}h$ $e_2=\frac{1}{3}h$ $z_1=\frac{1}{24}bh^2$ $z_2=\frac{1}{12}bh^2$	$\frac{1}{18}h^2$ $(R=0.236h)$
4		$\frac{\sqrt[3]{3}}{2}b^2$	$\frac{5\sqrt{3}}{16}b^4$ $=0.5413b^4$	$\frac{5}{8}b^3$ $=0.625b^3$	$\frac{5}{24}b^2$ $(R=0.456b)$
5		$\frac{\sqrt[3]{3}}{2}b^2$	$\frac{5\sqrt{3}}{16}b^4$ $=0.5413b^4$	$\frac{5\sqrt{3}}{16}b^3$ $=0.5413b^3$	$\frac{5}{24}b^2$ $(R=0.456b)$
6		$h(b+\frac{1}{2}b_1)$	$\frac{6b^2+6bb_1+b_1^2}{36(2b+b_1)}h^3$	$e_1=\frac{1}{3}\frac{3b+2b_1}{2b+b_1}h$ $z_1=$ $\frac{6b^2+6bb_1+b_1^2}{12(3b+2b_1)}h^2$	$\frac{6b^2+6bb_1+b_1^2}{18(2b+b_1)^2}h^2$
7		2.8284r²	$\frac{1+2\sqrt{2}}{6}r^{\frac{1}{2}}$ $=0.6381r^{\frac{1}{2}}$	$0.6906r^3$	$0.2256r^2$ $(R=0.475r)$
8	정다각형 n=변의 수 a=변의 길이 r_2 = 외접원의 반경 r_1 = 내접원의 반경 축은 중심을 통과하는 것으로 한다.	$\frac{1}{2}nar_1$	$\frac{A}{24}(6r_2^2-a^2)$	$\frac{I}{r_2\cos\frac{\pi}{n}} \fallingdotseq \frac{Ar^2}{4}$	$\frac{1}{24}(6r_2^2-a^2)$

* 단면 2차 모우먼트 계산법 Table 2-1 (2/3)

No	단면 상태	단면적	단면이차 모우먼트	계수	반경
1	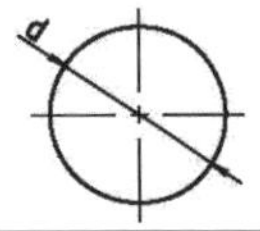	$\frac{\pi}{4}d^2$ (πr^2)	$\frac{\pi}{64}d^4$	$\frac{\pi}{32}d^3$	$\frac{1}{16}d^2$ $(R=0.5r)$
2	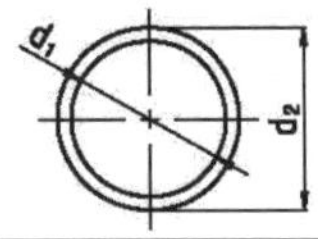	$\frac{\pi}{4}(d_2^2-d_1^2)$	$\frac{\pi}{64}(d_2^4-d_1^4)$	$\frac{\pi}{32}(\frac{d_2^4-d_1^4}{d_2})$	$\frac{1}{16}(d_2^2+d_1^2)$
3	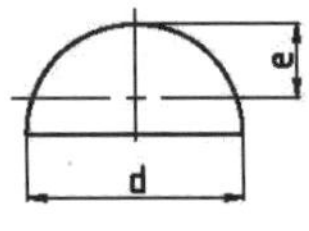	$\frac{\pi}{8}d^2$ $(\frac{\pi}{2}r^2)$	$\frac{(9\pi^2-64)r^4}{72\pi}$ $=0.1098r^4$	$e=0.5756r$ $Z=0.1908r^3$ $Z_2=0.2587r^3$	$\frac{(9\pi^2-64)r^2}{36\pi^2}$ $=0.0697r^2$ $(R=0.264r)$
4	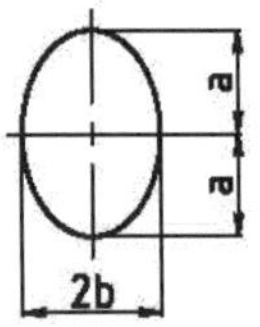	πab	$\frac{\pi}{4}a^3b$	$\frac{\pi}{4}a^2b$	$\frac{1}{4}a^2$
5	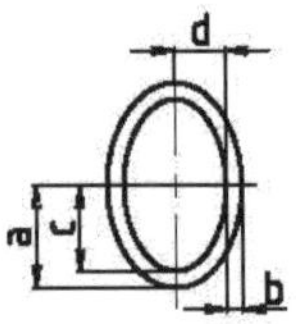	$\pi(ab-cd)$	$\frac{\pi}{4}(a^3b-c^3d)$	$\frac{\pi(a^3b-c^3d)}{4a}$	$\frac{a^3b-c^3d}{4(ab-cd)}$
6	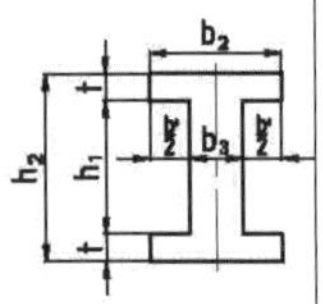	$b_2h_2-b_1h_1$ 혹은 bh_2+2b_1t 혹은 bh_1+2b_2t	$\frac{1}{12}(b_2h_2^3-b_1h_1^3)$ 혹은 $\frac{bh_1^3}{12}+\frac{b_2h_1^2t}{2}+b_2h_2t^2+\frac{2b_2t^3}{3}$	$\frac{(b_2h_2^3-b_1h_1^3)}{6h_2}$	$\frac{b_2h_2^3-b_1h_1^3}{12(b_2h_2-b_1h_1)}$
7	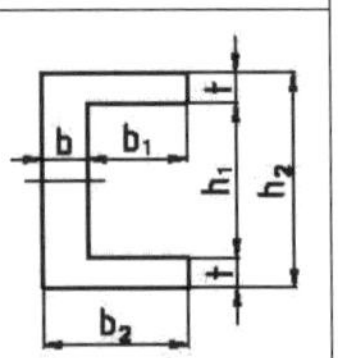				
8	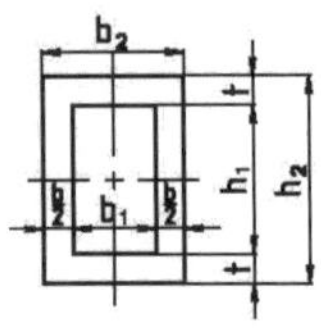				

* 단면 2차 모우먼트 계산법 Table 2-1 (3/3)

<table>
<tr><th>No</th><th>단면 상태</th><th>단면적</th><th>단면이차 모우먼트</th><th>계수</th><th>반경</th></tr>
<tr><td>1</td><td> 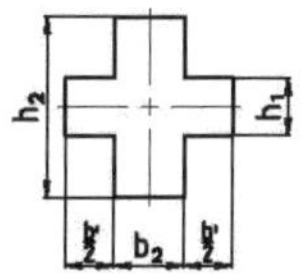</td><td rowspan="3">$b_1h_1+b_2h_2$</td><td rowspan="3">$\frac{1}{12}(b_1h_1^3+b_2h_2^3)$</td><td rowspan="3">$\frac{b_1h_1^3+b_2h_2^3}{6h_2}$</td><td rowspan="3">$\frac{b_1h_1^3+b_2h_2^3}{12(b_1h_1+b_2h_2)}$</td></tr>
<tr><td>2</td><td> 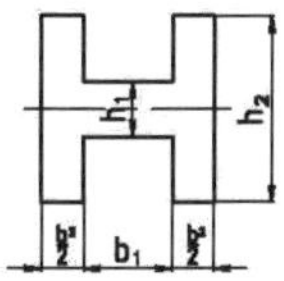</td></tr>
<tr><td>3</td><td> 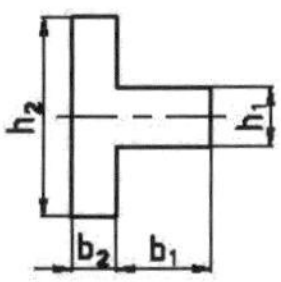</td></tr>
<tr><td>4</td><td> 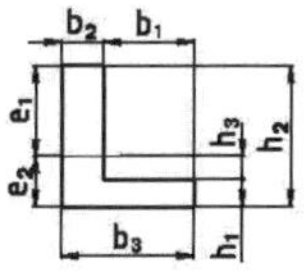</td><td rowspan="3">$b_1h_1+b_2h_2$</td><td rowspan="3">$\frac{1}{3}(b_3e_2^3-b_1h_3^3+b_2e_1^3)$</td><td rowspan="3" colspan="2">$e_2=\frac{b_1h_1^2+b_2h_2^2}{2(b_1h_{1+}b_2h_2)}$
$Z_2=\frac{I}{e_2}$
$e_1=h_2-e_2$
$Z_1=\frac{I}{e_1}$
$R^2=\frac{\frac{1}{3}(b_3e_2^3-b_1h_3^3+b_2e_1^3)}{b_1h_1+b_2h_2}$</td></tr>
<tr><td>5</td><td> 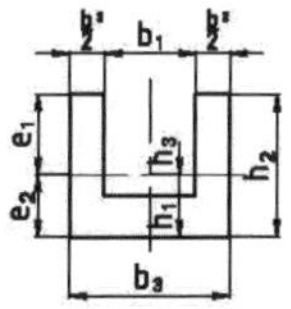</td></tr>
<tr><td>6</td><td> 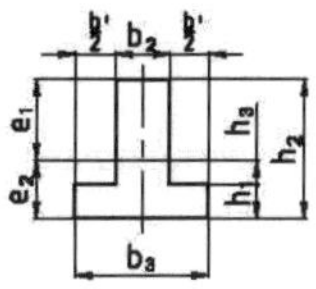</td></tr>
<tr><td>7</td><td> 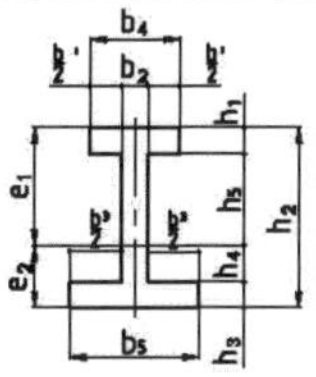</td><td rowspan="2">$b_1h_1+b_2h_2+b_3h_3$</td><td rowspan="2">$\frac{1}{3}(b_4e_1^3-b_1h_5^3+b_5e_2^3-b_3h_4^2)$</td><td rowspan="2" colspan="2">$e_2=\frac{b_2h_2^2+b_3h_3^2+b_1h_1(2h_2-h_1)}{2(b_1h_1+b_2h_2+b_3h_3)}$
$Z_2=\frac{I}{e_2}$
$e_1=h_2-e_2$
$Z_1=\frac{I}{e_1}$</td></tr>
<tr><td>8</td><td> 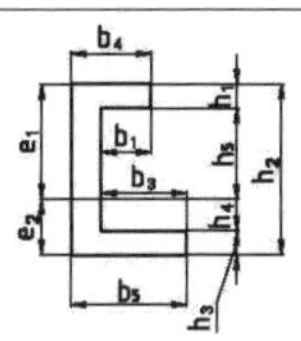</td></tr>
</table>

Table 2-2 (1/4)

8. 관의 치수 및 단면적, 단면특성, 중량표

JIS 규격(Schedule)

호칭구분		두께	SCHEDULE	외경	내경	단면적	단면2차	반경	단면계수	배관중량	
A	B		NO.	mm	mm	cm^2	I (cm^4)	K (㎝)	Z (cm^3)	란	수
25	1	4.5	80	34	25	4.17	0.4642x10	1.06	0.2731x10	3.274	0.491
		6.4	160	34	21.2	5.549	0.5568x10	1	0.3275x10	4.356	0.353
32	1-1/4	3.5	SGP	42.7	35.7	4.31	0.8345x10	1.39	0.3909x10	3.384	1.001
		1.65	5S	42.7	39.4	2.128	0.4489x10	1.45	0.2103x10	1.67	1.219
		2.8	10S	42.7	37.1	3.51	0.7019x10	1.41	0.3288x10	2.755	1.081
		3	20S	42.7	36.7	3.742	0.7414x10	1.41	0.3472x10	2.937	1.058
		3.6	40	42.7	35.5	4.422	0.8522x10	1.39	0.3992x10	3.471	0.99
		4.5	60	42.7	33.7	5.4	0.9987x10	1.36	0.4678x10	4.239	0.892
		4.9	80	42.7	32.9	5.819	$0.1057x10^2$	1.35	0.4950x10	4.568	0.85
		6.4	160	42.7	29.9	7.299	$0.1240x10^2$	1.3	0.5806x10	5.729	0.702
40	1-1/2	3.5	SGP	48.6	41.6	4.959	$0.1268x10^2$	1.6	0.5220x10	3.893	1.359
		1.65	5S	48.6	45.3	2.434	$0.6714x10^2$	1.66	0.2763x10	1.91	1.612
		2.8	10S	48.6	43	4.029	$0.1060x10^2$	1.62	0.4363x10	3.163	1.452
		3	20S	48.6	42.6	4.298	$0.1122x10^2$	1.62	0.4617x10	3.374	1.425
		3.7	40	48.6	41.2	5.219	$0.1324x10^2$	1.59	0.5449x10	4.097	1.333
		4.5	60	48.6	39.6	6.234	$0.1531x10^2$	1.57	0.6302x10	4.894	1.232
		5.1	80	48.6	38.4	6.97	$0.1671x10^2$	1.55	0.6877x10	5.471	1.158
		7.1	160	48.6	34.4	9.257	$0.2051x10^2$	1.49	0.8441x10	7.267	0.929
50	2	3.8	SGP	60.5	52.9	6.769	$0.2732x10^2$	2.01	0.9033x10	5.314	2.198
		1.65	5S	60.5	57.2	3.051	$0.1322x10^2$	2.08	0.4369x10	2.395	2.57
		2.8	10S	60.5	54.9	5.076	$0.2117x10^2$	2.04	0.6999x10	3.984	2.367
		3.2	20	60.5	54.1	5.76	$0.2372x10^2$	2.03	0.7840x10	4.522	2.299
		3.5	20S	60.5	53.5	6.267	$0.2555x10^2$	2.02	0.8446x10	4.92	2.248
		3.9	40	60.5	52.7	6.935	$0.2790x10^2$	2.01	0.9224x10	5.444	2.181
		4.9	60	60.5	50.7	8.559	$0.3333x10^2$	1.97	$0.1102x10^2$	6.719	2.019
		5.5	80	60.5	49.5	9.503	$0.3629x10^2$	1.95	$0.1200x10^2$	7.46	1.924
		8.7	160	60.5	43.1	14.158	$0.4883x10^2$	1.86	$0.1614x10^2$	11.114	1.459
65	2-1/2	4.2	SGP	76.3	67.9	9.513	$0.6203x10^2$	2.55	$0.1626x10^2$	7.468	3.621
		2.1	5S	76.3	72.1	4.895	$0.3372x10^2$	2.62	$0.8838x10^2$	3.843	4.083
		3	10S	76.3	70.3	6.908	$0.4647x10^2$	2.59	$0.1218x10^2$	5.423	3.882
		3.5	20S	76.3	69.3	8.005	$0.5315x10^2$	2.58	$0.1393x10^2$	6.284	3.772
		4.5	20	76.3	67.3	10.15	$0.6567x10^2$	2.54	$0.1721x10^2$	7.968	3.557
		5.2	40	76.3	65.9	11.615	$0.7379x10^2$	2.52	$0.1934x10^2$	9.118	3.411
		6	60	76.3	64.3	13.251	$0.8246x10^2$	2.49	$0.2161x10^2$	10.402	3.247
		7	80	76.3	62.3	15.24	$0.9242x10^2$	2.46	$0.2423x10^2$	11.963	3.048
		9.5	160	76.3	57.3	19.937	$0.1135x10^3$	2.39	$0.2974x10^2$	15.65	2.579
80	3	4.2	SGP	89.1	80.7	11.202	$0.1012x10^3$	3.01	$0.2271x10^2$	8.794	5.115
		2.1	5S	89.1	84.9	5.74	$0.5434x10^2$	3.08	$0.1220x10^2$	4.506	5.661
		3	10S	89.1	83.1	8.115	$0.7529x10^2$	3.05	$0.1690x10^2$	6.37	5.424
		4	20S	89.1	81.1	10.694	$0.9702x10^2$	3.01	$0.2178x10^2$	8.395	5.166
		4.5	20	89.1	80.1	11.96	$0.1073x10^3$	3	$0.2409x10^2$	9.389	5.039

Table 2-2 (2/4)

8. 관의 치수 및 단면적, 단면특성, 중량표

JIS 규격(Schedule)

호칭구분		두께	SCHEDULE	외경	내경	단면적	단면2차	반경	단면계수	배관중량	
A	B		NO.	mm	mm	cm^2	I (cm^4)	K (㎝)	Z (cm^3)	란	수
80	3	5.5	40	89.1	78.1	14.445	0.1267x10^3	2.96	0.2845x10^2	11.339	4.791
		6.6	60	89.1	75.9	17.106	0.1465x10^3	2.93	0.3288x10^2	13.428	4.525
		7.6	80	89.1	73.9	19.459	0.1630x10^3	2.89	0.3658x10^2	15.275	4.289
		11.1	160	89.1	66.9	27.2	0.2110x10^3	2.79	0.4737x10^2	21.352	3.515
90	3-1/2	4.2	SGP	101.6	93.2	12.852	0.1527x10^3	3.45	0.3006x10^2	10.089	6.822
		2.1	5S	101.6	97.4	6.564	0.8127x10^3	3.52	0.1600x10^2	5.153	7.451
		3	10S	101.6	95.6	9.293	0.1130x10^3	3.49	0.2225x10^2	7.295	7.178
		4	20S	101.6	93.6	12.265	0.1463x10^3	3.45	0.2880x10^2	9.628	6.881
		4.5	20	101.6	92.6	13.727	0.1621x10^3	3.44	0.3192x10^2	10.776	6.735
		5.7	40	101.6	90.2	17.173	0.1981x10^3	3.40	0.3900x10^2	13.481	6.390
		7	60	101.6	87.6	20.804	0.2340x10^3	3.35	0.4606x10^2	16.331	6.027
		8.1	80	101.6	85.4	23.793	0.2620x10^3	3.32	0.5157x10^2	18.677	5.728
		12.7	160	101.6	76.2	35.469	0.3576x10^3	3.17	0.7038x10^2	27.844	4.560
100	4	4.5	SGP	114.3	105.3	15.523	0.2343x10^3	3.89	0.4100x10^2	12.185	8.709
		2.1	5S	114.3	110.1	7.402	0.1165x10^3	3.97	0.2039x10^2	5.811	9.521
		3	10S	114.3	108.3	10.490	0.1625x10^3	3.94	0.2844x10^2	8.234	9.212
		4	20S	114.3	106.3	13.861	0.2111x10^3	3.90	0.3693x10^2	10.881	8.875
		4.9	20	114.3	104.5	16.841	0.2525x10^3	3.87	0.4417x10^2	13.220	8.577
		6	40	114.3	102.3	20.414	0.3002x10^3	3.83	0.5253x10^2	16.025	8.219
		7.1	60	114.3	100.1	23.911	0.3450x10^3	3.80	0.6037x10^2	18.770	7.870
		8.6	80	114.3	97.1	28.558	0.4015x10^3	3.75	0.7025x10^2	22.418	7.405
		11.1	120	114.3	92.1	35.988	0.4846x10^3	3.67	0.8480x10^2	28.250	6.662
		13.5	160	114.3	87.3	42.751	0.5527x10^3	3.60	0.9671x10^2	33.559	5.986
125	5	4.5	SGP	139.8	130.8	19.128	0.4382x10^3	4.79	0.6269x10^2	15.015	13.437
		2.8	5S	139.8	134.2	12.051	0.2829x10^3	4.84	0.4047x10^2	9.460	14.145
		3.4	10S	139.8	133.0	14.569	0.3390x10^3	4.82	0.4850x10^2	11.437	13.893
		5	20S	139.8	129.8	21.174	0.4816x10^3	4.77	0.6890x10^2	16.622	13.232
		5.1	20	139.8	129.6	21.582	0.4902x10^3	4.77	0.7013x10^2	16.942	13.192
		6.6	40	139.8	126.6	27.618	0.6140x10^3	4.72	0.8784x10^2	21.680	12.588
		8.1	60	139.8	123.6	33.514	0.7294x10^3	4.67	0.1043x10^3	26.308	11.999
		9.5	80	139.8	120.8	38.888	0.8297x10^3	4.62	0.1187x10^3	30.527	11.461
		12.7	120	139.8	114.4	50.711	0.1034x10^4	4.52	0.1480x10^3	39.808	10.279
		15.9	160	139.8	108.0	61.890	0.1207x10^4	4.42	0.1727x10^3	48.583	9.161
150	6	5	SGP	165.2	155.2	25.164	0.8081x10^3	5.67	0.9783x10^2	19.754	18.918
		2.8	5S	165.2	159.6	14.285	0.4711x10^3	5.74	0.5703x10^2	11.214	20.006
		3.4	10S	165.2	158.4	17.283	0.5658x10^3	5.72	0.6850x10^2	13.567	19.705
		5	20S	165.2	155.2	25.164	0.8081x10^3	5.67	0.9783x10^2	19.754	18.918
		5.5	20	165.2	154.2	27.594	0.8807x10^3	5.65	0.1066x10^3	21.661	18.675
		7.1	40	165.2	151.0	35.265	0.1104x10^4	5.60	0.1337x10^3	27.683	17.903
		9.3	60	165.2	146.6	45.549	0.1389x10^4	5.52	0.1681x10^3	35.756	16.879
		11	80	165.2	143.2	53.288	0.1592x10^4	5.47	0.1927x10^3	41.831	16.105
		14.3	120	165.2	136.6	67.791	0.1947x10^4	5.36	0.2357x10^3	53.216	14.655
		18.2	160	165.2	128.8	84.050	0.2305x10^4	5.24	0.2791x10^3	65.979	13.029

Table 2-2 (3/4)

(4) 丸棒 (Round Bars)

중실축											
DIAMETER(D)		SECTIONAL AREA		WEIGHT		MOMENT OF JNERTIA		RADIUS OF GYRATION		MODULUS OF SECTION	
mm	in	㎠	in²	kg/m	1b/ft	Jx = Jy		Ix = Iy		Zx = Zy	
						cm⁴	in	cm	in	cm³	in³
6	0.236	0.2827	0.04382	0.222	0.0677	0.01	0.0002	0.15	0.0591	0.02	0.0012
7	0.276	0.3848	0.05964	0.302	0.0921	0.01	0.0002	0.18	0.0709	0.03	0.0018
8	0.315	0.5027	0.07792	0.395	0.12	0.02	0.0005	0.2	0.0787	0.05	0.0031
9	0.354	0.6362	0.09861	0.499	0.152	0.03	0.0007	0.23	0.0906	0.07	0.0043
10	0.394	0.7854	0.1217	0.617	0.188	0.05	0.0012	0.25	0.0984	0.1	0.0061
11	0.433	0.9503	0.1473	0.746	0.227	0.07	0.0017	0.28	0.11	0.13	0.0079
12	0.472	1.131	0.1753	0.888	0.271	0.1	0.0024	0.3	0.118	0.17	0.0104
13	0.512	1.327	0.2057	1.04	0.318	0.14	0.0034	0.33	0.13	0.22	0.0134
14	0.551	1.539	0.2385	1.21	0.368	0.19	0.0046	0.35	0.138	0.27	0.0165
15	0.591	1.767	0.2739	1.39	0.423	0.25	0.006	0.38	0.15	0.33	0.0201
16	0.63	2.011	0.3117	1.58	0.481	0.32	0.0077	0.4	0.157	0.4	0.0244
17	0.669	2.27	0.3518	1.78	0.543	0.41	0.0099	0.43	0.169	0.48	0.0293
18	0.709	2.545	0.3945	2	0.609	0.52	0.0125	0.45	0.177	0.57	0.0348
19	0.748	2.835	0.4394	2.23	0.678	0.64	0.0154	0.48	0.189	0.67	0.0409
20	0.787	3.142	0.487	2.47	0.752	0.79	0.019	0.5	0.197	0.79	0.0482
21	0.827	3.464	0.5369	2.72	0.829	0.95	0.0228	0.53	0.209	0.91	0.0555
22	0.866	3.801	0.5892	2.98	0.91	1.15	0.0276	0.55	0.217	1.05	0.0641
23	0.906	4.155	0.644	3.26	0.994	1.37	0.0329	0.58	0.228	1.19	0.0726
24	0.945	4.524	0.7012	3.55	1.08	1.63	0.0392	0.6	0.236	1.36	0.083
25	0.984	4.909	0.7609	3.85	1.17	1.92	0.0461	0.63	0.248	1.53	0.0934
26	1.024	5.309	0.8229	4.17	1.27	2.24	0.0538	0.65	0.256	1.73	0.106
28	0.102	6.158	0.9545	4.83	1.47	3.02	0.0726	0.7	0.276	2.16	0.132
30	1.181	7.069	0.096	5.55	0.69	0.98	0.0956	0.75	0.295	2.65	0.162
32	1.26	8.042	1.247	6.31	0.92	5.15	0.124	0.8	0.315	3.22	0.196
34	1.339	9.079	1.407	7.13	2.17	6.56	0.158	0.85	0.335	3.86	0.236
36	1.417	10.18	1.578	7.99	2.44	8.24	0.198	0.9	0.354	4.58	0.279

Table 2-2 (4/4)

(4) 丸棒(Round Bars)

중실축

DIAMETER(D)		SECTIONAL AREA		WEIGHT		MOMENT OF JNERTIA		RADIUS OF GYRATION		MODULUS OF SECTION	
						Jx = Jy		Ix = Iy		Zx = Zy	
mm	in	㎠	in²	kg/m	1b/ft	cm⁴	in	cm	in	cm³	in³
38	1.496	11.34	1.758	8.9	2.71	10.2	0.245	0.95	0.374	5.39	0.329
40	1.575	12.57	1.948	9.89	3.01	12.6	0.303	1	0.394	6.28	0.383
42	1.654	13.85	2.147	10.9	3.31	15.3	0.368	1.05	0.413	7.27	0.444
44	1.732	15.21	2.358	11.9	3.64	18.4	0.442	0.1	0.433	8.36	0.51
46	1.811	16.62	2.576	13	3.98	22	0.529	1.15	0.453	9.56	0.583
48	1.89	18.1	2.805	14.2	4.33	26.1	0.627	1.2	0.472	10.9	0.665
50	1.969	19.64	3.043	15.4	4.7	30.7	0.738	1.25	0.492	12.3	0.751
55	2.165	23.76	3.683	18.7	5.69	44.9	1.079	1.38	0.543	16.3	0.995
60	2.362	28.27	4.382	22.2	6.77	63.6	1.528	1.5	0.591	21.2	1.294
65	2.559	33.18	5.143	26	7.93	87.6	2.105	1.63	0.642	27	1.648
70	2.756	38.48	5.964	30.2	9.21	118	2.835	1.75	0.689	33.7	2.056
75	2.953	44.18	6.848	34.7	10.58	155	3.734	1.88	0.74	41.4	2.526
80	3.15	50.27	7.792	39.5	12.04	201	4.829	2	0.787	50.3	3.069
85	3.346	56.75	8.796	44.5	13.56	256	6.15	2.13	0.839	60.3	3.68
90	3.543	63.62	9.861	49.9	15.21	322	7.736	2.25	0.886	71.6	4.369
95	3.74	70.88	10.99	55.6	16.95	400	9.61	2.38	0.937	84.2	5.138
100	3.937	78.54	12.17	61.7	18.81	491	11.795	2.5	0.984	98.2	5.992
105	4.134	86.59	13.42	68	20.73	597	14.342	2.63	1.035	114	6.957
110	4.331	95.03	14.73	74.6	22.74	719	17.273	2.75	1.083	131	7.994
115	4.528	103.9	16.1	81.6	24.87	859	20.637	2.88	1.134	149	9.092
120	4.724	113.1	17.53	88.8	27.07	1020	24.504	3	1.181	170	10.374
125	4.921	122.7	19.02	96.3	29.35	1200	28.829	3.13	1.232	192	11.716
130	5.118	132.7	20.57	104	31.7	1400	33.634	3.25	1.28	216	12.181
135	5.315	143.1	22.18	112	34.14	1630	39.159	3.38	1.331	242	14.768
140	5.512	153.9	23.85	121	36.88	1890	45.405	3.5	1.378	269	16.415
145	5.709	165.1	25.59	130	39.62	2170	52.132	3.63	1.429	299	18.246
150	5.906	176.7	27.39	139	42.37	2490	59.82	3.75	1.476	331	20.199

3) Driving Unit(Motor, Sprocket, Or Coupling)

- Driving Unit에는 Motor, Reducer, Sprocket/Chain 또는 Coupling 등으로 구성된다.

가) Motor, Reducer, G-motor

Motor는 감속기인 reducer와 일체로 하여 사용하는 경우, 즉 G-motor식이 있고 Motor와 Reducer 사이 Coupling을 장착시켜 Line Power형으로 구성하는 경우가 있다.

서로의 장단점은 다음과 같다.

No	구분	G-Motor	Line-Power + Motor
1	경제성	양호	비교적 비싸다.
2	Trouble Point	Reducer oil이 motor 측으로 유입 될 가능성이 있다.	감속기와 Motor 사이의 Coupling에서 Trouble이 발생될 수 있다.
3	유지보수	양호	보수 시 고장 난 item만 보수하므로 비교적 빠르고 경제적이다.
4	설계	양호	Drive Chain Tension 장치가 있고 Coupling 설계를 행하여야 하므로 설계 Man-day가 많이 소요된다.

- Motor Power 선정 방법

End User 측에서 특별히 요구가 없는 경우 Line-Power보다 G-Motor식으로 설계한다.

Motor Power는 다음과 같이 계산한다.

---

* 수평식일 경우

무 부하 시 필요 동력, Hpf

Hpf = L × N × Fd × Fb / 1,000,000

부하시 필요 동력, Hpm

Hpm = C × L × W × Ff × Fp × Fm / 1,000,000

Total HP = (Hpf + Hpm) × fo/e

L = Conveyor 길이(B/R 간 거리) Feet, 304.8mm = 1ft

N = Screw Rpm

Fd = Screw 직경에 의한 Factor(Table 3-1 참조)

Fb = Bearing Type에 의해 Pactor

C = Capacity(Feet^3/HR), 1m^3/hr = 35.317ft^3/hr

W = Bulk Density, 1bs/feet3, 1ton/m^3 = 62.43ibs/ft^3

Ff = 날개 형상에 의한 Factor(Table 3-3 참조)

Fp = Paddle 개수에 의한 Factor(Table 3-4 참조)

Fm = Feed Mat'L에 의한 Factor(Table 3-2 참조)

Fo = Overliad Factor(Table 3-5 참조)

e = Drive motor, Reducer, Drive chain의 동력 전달 효율

---

* **Fd factor** (Table 3-1)

Screw Dia-Inch	Factor	Screw Dia-Inch	Factor
4″ = 100ϕ	12	14″ = 350ϕ	78
6″ = 150ϕ	18	16″ = 400ϕ	106
9″ = 230ϕ	31	18″ = 450ϕ	135
10″ = 250ϕ	37	20″ = 500ϕ	165
12″ = 300ϕ	55	24″ = 600ϕ	235

* **Fb factor**

Ball bearing = 1

Metal, hanger bearing point당 = 1.7

∗ Fm factor (Table 3-2)

Ash	3~4
Coal	0.5~1
Limestone	2
Cement	Clinker = 1.8, Motor = 3
곡류	
Sand	1.7~2.6(Dry~Wet)
Dust	2

∗ Ff factor (Table 3-3)

Trough loading / Flight type	15%	30%	45%	95%
Standard(일반형)	1	1	1	1
Cut flight	1.1	1.15	1.2	1.3
Cut & foled flight	N.R	1.5	1.7	2.2
Ribon	1.05	1.14	1.2	-

∗ Fp paddle factor (Table 3-4)

Paddle 숫자	0	1	2	3	4
Factor	1	1.29	1.58	1.87	2.16

1Pitch당 Paddle 개수를 의미한다.

∗ 만일 Feed Screw 후단에 Mixing 목적의 방해 Paddle이 설치된다면 방해 Paddle로 인하여 Motor Power는 증가한다. 이때 다음 Table에 따라서 Motor Power를 보정해줄 필요가 있다.

방해 Paddle 설치 수량(Pitch)	1	2	3	4	5
Factor	1.5	1.6	1.7	1.8	1.9
방해 Paddle 설치 수량(Pitch)	6	7	8	9	10
Factor	2.0	2.1	2.2	2.3	2.5

* Fo over load factor (Table 3-5)

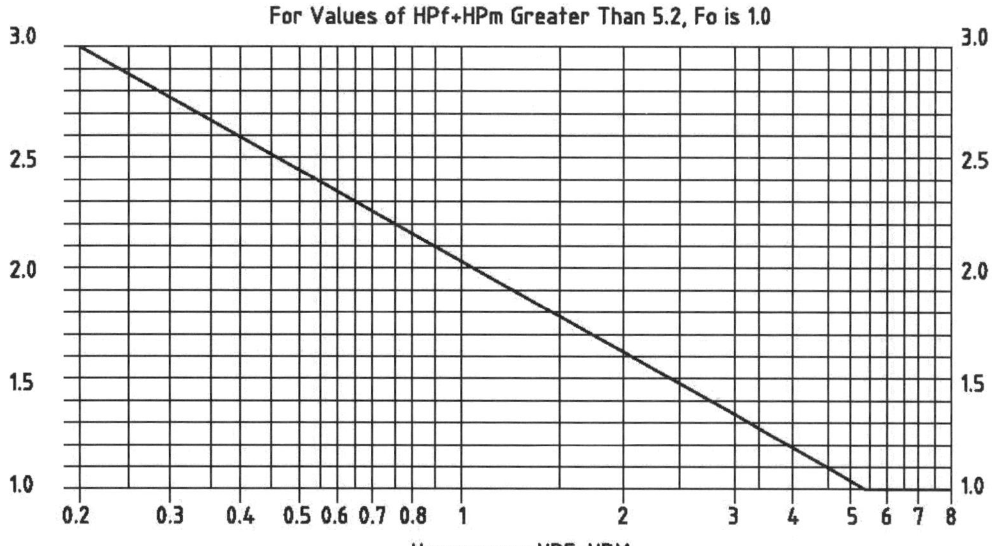

Chart For Values of Factor Fo.

* 구동 장치 효율

Roller Chain = 90%, G-Motor = 85%

Worm Reducer = 65%, Coupling = 90%

ex) G-Motor + Roller Chain = 85% × 90% = 76.5%

계산 예) 비산재를 운반하는 Screw Conveyor이고, Capacity가 10ton/hr, 그리고 길이가 6000mm이며, Bulk density가 0.4t/m³, 그리고 ball bearing, 일반형 screw일 때 필요 동력은 얼마인가?
(screw 직경은 350∅, RPM은 30RPM이다.)

무 부하시 필요 동력, Hpf

Hpf = L × N × Fd × Fb / 1,000,000

L = 6000mm = 6,000 / 304.8 = 19.68ft

N = 30RPM

Fd = 350∅ / 25.4 = 14inch, 14"Fd Factor는 Table 3-1에서 78이다.

Fb = Ball Bearing이므로 1이다.

Hpf = 19.68 × 30 × 78 × 1 / 1,000,000 = 0.05Hp

Hpm = C × L × W × Ff × Fp × Fm / 1,000,000

C = 용량, 10ton/hr, 10ton/hr ÷ 0.4ton/m³ = 25m³/hr,

25m³/hr × 35.317 = 882.9ft³/hr

W = Bulk Density, 0.4ton/m³ × 62.43 = 25ibs/ft³

Ff = Table 3-3에서, #일반형, 30% Loding 적용하면 1이다.

Fp = Table 3-4에서 Paddle이 설치되지 않은 0의 Factor은 1이다.
Fm = 이송물질에 따른 계수, Table 3-2에서 Ash는 3~4이나, 4를 선택한다.
Hpm = 882.9 × 19.68 × 25 × 1 × 1 × 4 ÷ 1,000,000 = 1.74HP
Hp = (Hpf + Hpm) × Fo ÷ e
Fo = Table 3-5에서 Hpf + Hpm = 0.03 + 1.74 = 1.79이므로 1.9로 선정한다.
e = 무동부 효율 G-Motor + Roller Chain = 85% × 90% = 76.5%
Hp = (0.05 + 1.74) × 1.9 ÷ 0.765 = 4.44Hp
따라서, 시중에서 구매 가능한 5Hp로 선정한다.

*** Motor Power 계산 시 주의 사항**

C = trough loading이 100%일 시 capacity를 적용해야 한다.
W = max. bulk density를 적용한다.

* Trough Loading

15%

$兀((\pi(D_1^2-D_2^2)/4) \times 0.15)$

bulk density가 비교적 큰 경우
(2ton/m³ 이상)

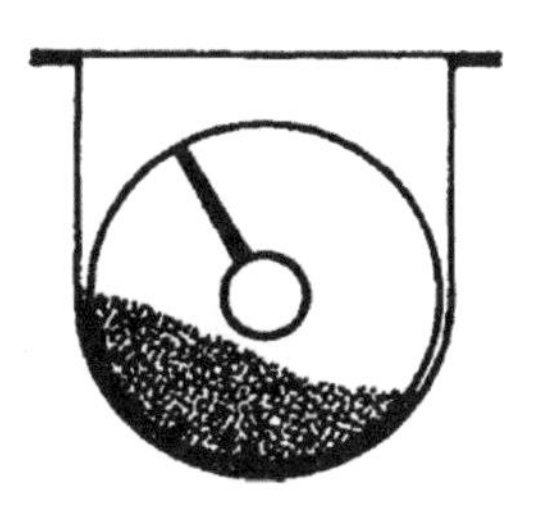

30%

$兀(\frac{\pi(D_1^2-D_2^2)}{4}) \times 0.3$

가장 일반적
0.3~1.5ton/m³

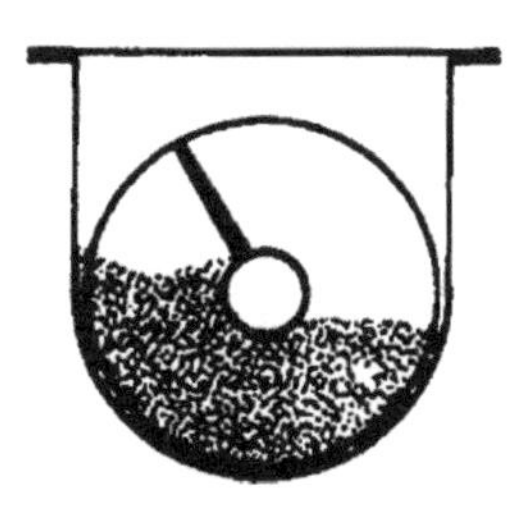

45%

$兀(\frac{\pi(D_1^2-D_2^2)}{4}) \times 0.45$

곡물 등 bulk density가 비교적
낮은 경우(0.3ton/m³ 이하)

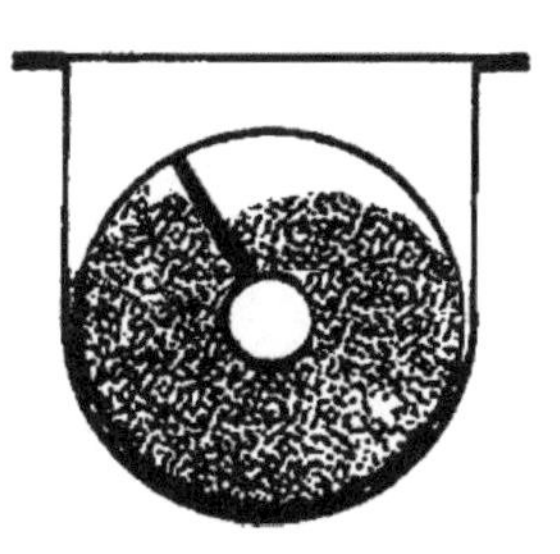

90%

$兀(\frac{\pi(D_1^2-D_2^2)}{4}) \times 0.9$

screw speed가 매우 낮은 경우
10RPM 이하

나) Sprocket/Drive Chain

(1) 먼저 drive chain을 선정한다. 선정은 다음 그래프에서 선정한다.
본 그래프는 안전율이 7 이상 감안된 그래프다.

(Table 3-6)

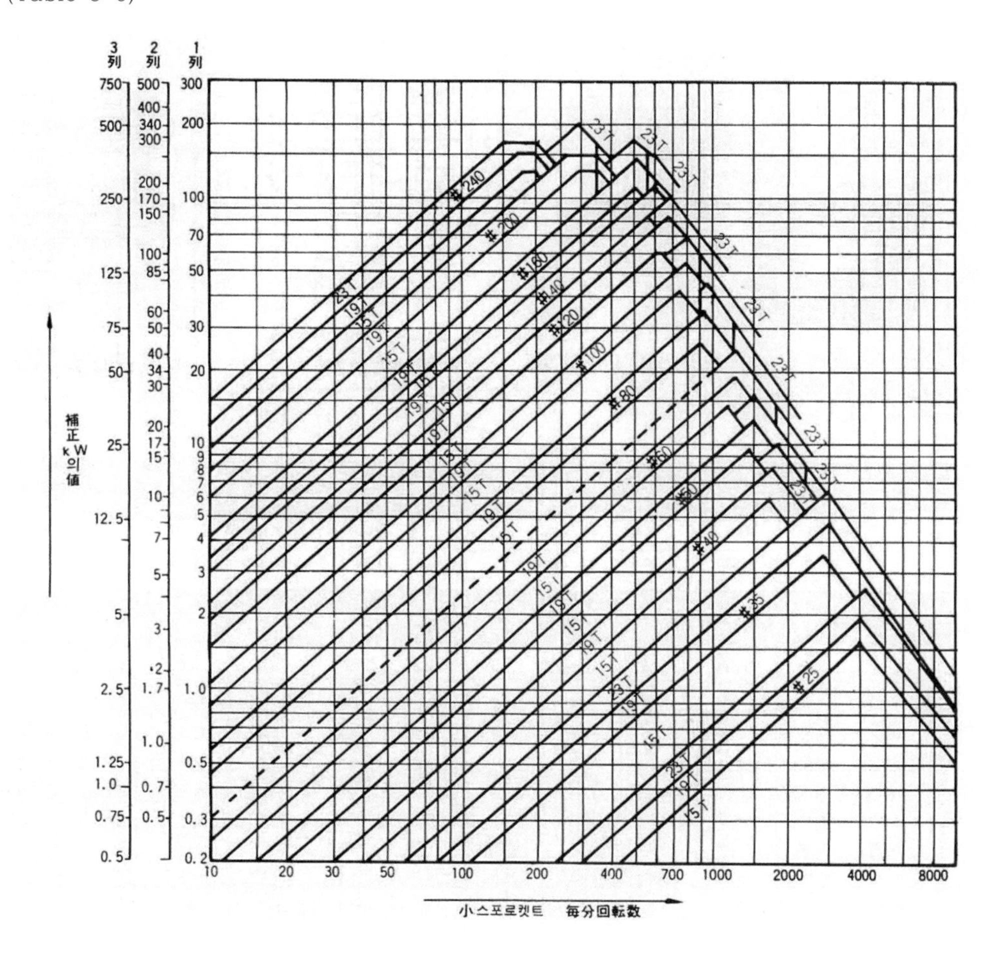

(Table 3-7)

(2) 기 선정된 motor power와 screw RPM을 recheck하고 G-motor 혹은 line power 축경을 확인한다.
축경이 확인되면 sprocket catalogue를 참조하여 小 sprocket 잇수를 결정한다.
{小 sprocket가 너무 작으면(pcd가 적으면)Boss의 외경이 작아져서 key way 가공 후 Boss 두께가 얇아진다.}

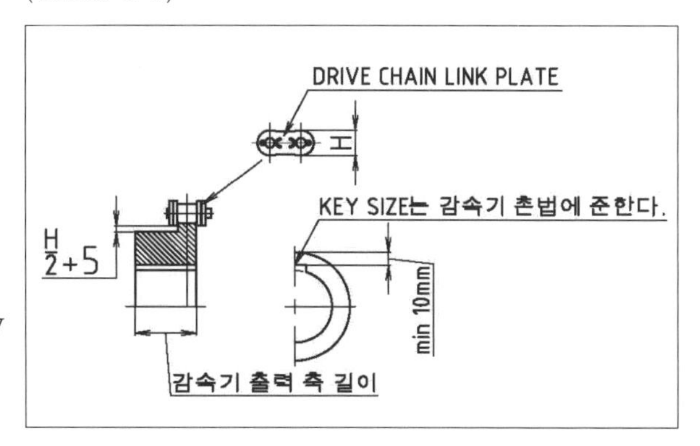

Table 3-7은 최소치수이며 이 치수가 지켜지지 않으면 회전 시 방해가 되거나 BOSS가 약해서 기기 수명에 영향을 준다.

- 대개의 경우 小 sprocket 잇수는 16NT가 많이 사용되나 경우에 따라 15NT, 17NT, 18NT 등이 사용될 수 있다.

(3) Screw RPM 대비 감속기의 감속비율은 아래 Table 3-8에 따른다

(Table 3-8)

Screw Rpm	감속기 감속비	Screw Rpm	감속기 감속비
15RPM	1/45 × 4P	55RPM	1/15 × 4P
20RPM	1/30 × 4P	60RPM	1/15 × 4P
25RPM	1/30 × 4P	65RPM	1/15 × 4P
30RPM	1/30 × 4P	70RPM	1/15 × 4P
35RPM	1/30 × 4P	75RPM	1/15 × 4P
40RPM	1/20 × 4P	80RPM	1/15 × 4P
45RPM	1/20 × 4P	85RPM	1/15 × 4P
50RPM	1/20 × 4P	90RPM	1/15 × 4P

(4) Chain Coupling 선정방법

* 전동능력표에 준해서 선정하되, 선정방법은 다음과 같다.

가) 매분 회전수를 찾는다.

나) Table 3-9는 동력 전달 값이다.(kw)

즉, 10HP × 4P Motor를 line power에 연결 시 선정방법은, 4p motor 출력 RPM이 1,800이므로 표에서 1,800하부로 읽어 내려가면 처음이 6.25kw이고 그 다음이 13.7kw이다. 10hp이면 7.5kw이므로 13.7kw에서 좌측 끝으로 가면 4,012라는 값을 찾을 수 있다. 그 값이 coupling model이다.

(Table 3-9)

Coupling No.	최대 축경 (mm)	50rpm 이하 (kgf.m)	每分回転数 (매분회전수)																						
			1	5	10	25	50	100	200	300	400	500	600	800	1000	1200	1500	1800	2000	2500	3000	3600	4000	4800	5200	6000
CR3812	16	10.2	0.01	0.05	0.11	0.26	0.52	0.79	1.21	1.58	1.89	2.26	2.58	3.19	3.88	4.41	5.35	6.25	6.73	8.12	9.44	11	12	14	14.8	16.7
CR4012-J	22	22.2	0.02	0.11	0.22	0.58	1.15	1.73	2.63	3.46	4.15	4.96	5.67	7.01	8.53	9.68	11.6	13.7	14.8	17.9	20.7	24.1	26.3	30.8		
CR4014-J	28	30.2	0.03	0.16	0.32	0.79	1.58	2.36	3.59	4.72	5.66	6.77	7.72	9.56	11.64	13.21	15.8	18.7	20.2	24.4	28.3	32.9	35.9	42.1		
CR4016-J	32	39.4	0.04	0.21	0.41	1.03	2.06	3.09	4.69	6.17	7.41	8.85	10.1	12.5	15.3	17.3	21	24.4	26.3	31.9	37	43	46.9	54.9		
CR5014-J	35	57.4	0.06	0.3	0.6	1.5	3	4.48	6.8	8.95	10.7	12.8	14.7	18.1	22.1	25.1	30	35.4	38.3	46.2	53.6	62.4				
CR5016-J	40	75	0.08	0.39	0.78	1.95	3.91	5.86	8.92	11.7	14.1	16.8	19.2	23.8	28.9	32.9	39.9	46.4	50	60.6	70.4	81.6				
CR5018-J	45	95	0.1	0.5	0.99	2.48	4.95	7.43	11.3	14.9	17.8	21.3	24.4	30.1	36.6	41.6	50.5	58.8	63.4	76.8	89.2					
CR6018-J	56	179	0.18	0.93	1.87	4.67	9.33	14	21.3	28	33.6	40.1	45.9	56.8	69.1	78.4	95.2	111	120	145						
CR6022-J	71	242	0.25	1.25	2.51	6.31	12.5	18.8	28.6	37.7	45.3	54.1	61.9	76.5	93.1	105	128	149	161	195						
CR8018-J	80	396	0.41	2.07	4.14	10.3	20.7	31	47.2	62.1	74.5	89	101	126	153	174	211	246	265							
CR8022-J	100	570	0.59	2.96	5.93	14.8	29.6	44.5	67.2	89	106	127	146	180	219	249	302	352	379							
CR10020-J	110	896	0.93	4.66	9.33	23.3	46.6	70	106	140	168	200	229	283	345	392	476	554								
CR12018-J	125	1350	1.4	7.02	14	35.1	70.2	105	160	210	252	302	345	426	519	590	716									
CR12022-J	140	1750	1.81	9.07	18.1	45.3	90.7	136	206	272	326	390	446	551	671	762										
CR16018-J	160	2920	3.03	15.1	30.3	75.8	151	227	345	455	546	652	746	922	1122											
CR16022-J	200	4260	4.43	22.1	44.3	110	221	333	506	665	799	954	1090	1350	1640											
CR20018	205	5820	6.06	30.3	60.6	151	303	454	691	909	1090	1300	1490	1840												
CR20022	260	7340	7.63	38.2	76.3	191	382	572	871	1140	1370	1640	1880													
CR24022	310	13200	13.7	68.8	137	344	688	1030	1570	2060	2470	2960	3380													
CR24026	380	16100	16.7	83.7	167	418	837	1250	1900	2510	3010	3600														
CR32022	430	26100	27.2	136	272	680	1360	2040	2850	4080	4900															
CR40020	470	50500	52.6	263	526	1310	2630	3940	5990	7890	9470															
CR40024	590	61500	64	320	640	1600	3200	4800	7300	9600																
CR40028	700	73200	76.2	380	762	1900	3800	5700	8690	11400																
潤滑形式(윤활형식)			I	II		III																				

그러나 만일 축경(motor 및 line power)의
크기가 table上 최대축경보다 크다면, 범위에 맞는 형번으로 변경한다.

* Coupling 길이는 표준이므로 대개 축 길이가 크다. 그러면 coupling
  뒤쪽에 칼라를 장착시킨다.

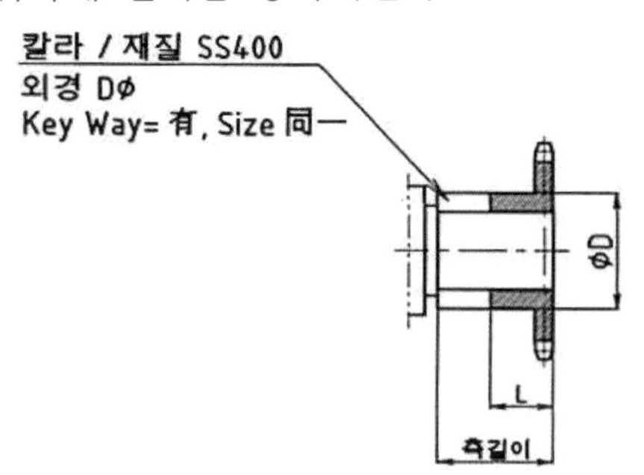

* Coupling 조립 시 Coupling cover 내부에 Grease oil(그리스 오일)을 충진시킨다.
  이유는 마모방지(기아 이빨) 발열방지, 소음방지 등 이유가 있다.
  체인커플링의 경우는 그리스 오일을 사용하나, 다른 커플링의 경우 윤활용 오일을
  사용하는 예도 있다.

* model 설명

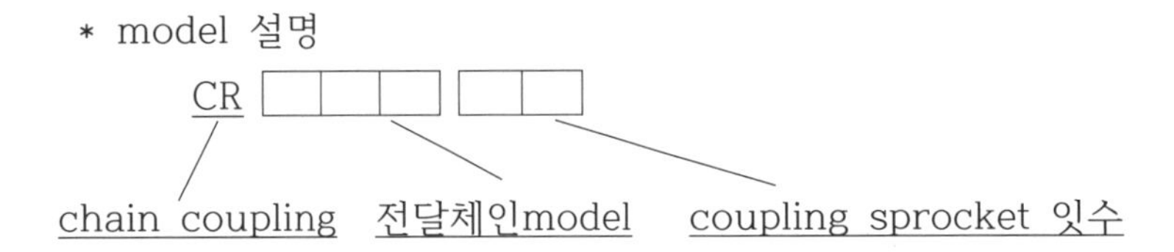

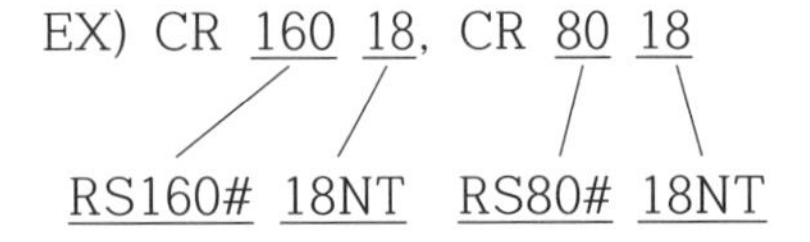

* Motor Power 계산에 있어 Screw Conveyor 上部 기계가 Silo, Bin, Hopper 등이 설치된다면 Silo, Bin, Hopper 등에 이송물질이 꽉 차면 Motor 필요 동력이 커진다.

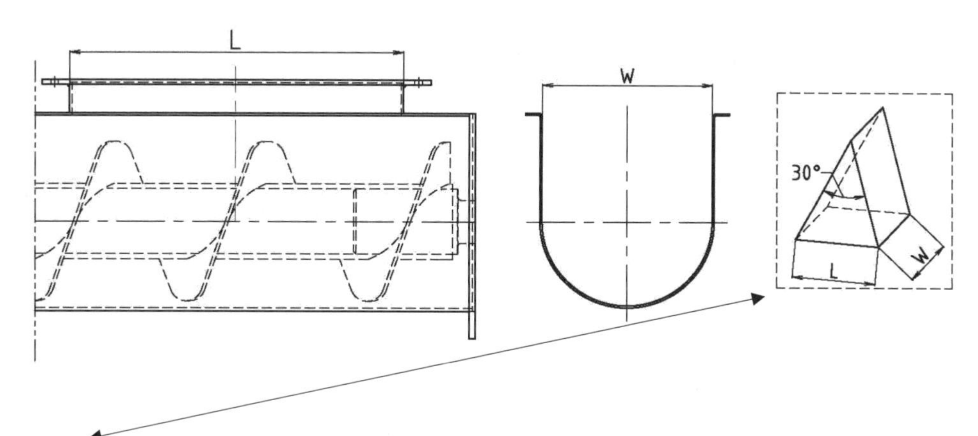

[ ]에서 하중을 계산한다.(F)

T = FR = 71620 × H/N

R = Screw 반경

FR = 71620 × H/N

H = F × R × N × 1/71620

EX) L = 600mm, 비중 = $1T/m^3$

W = 300mm 직경: 300∅ 30RPM

F = tan75 = x/300

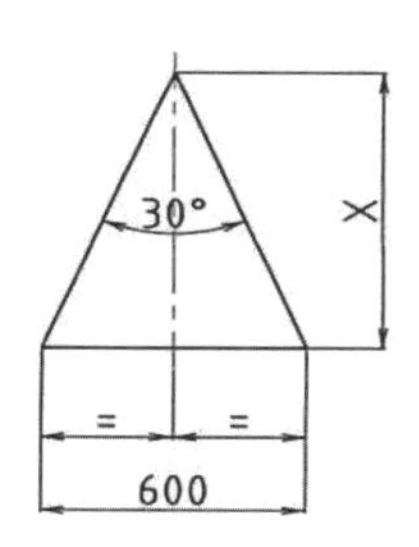

X = tan75 × 300 = 1,120mm

F = 0.3 × 1.12 × 0.3 × 1

= 0.1ton = 100kg

H = 100 × 15 × 30 × 1/71620

= 0.628HP(Hopper에서 가해지는 하중으로 인한 motor 필요 마력)

- Screw RPM = 1,800/감속기 감속비 × (小Sprocket(reducer쪽)/大Sprocket(shaft쪽))
  大Sprocket = 小Sprocket 잇수 × Motor회전수/Screw RPM × 감속기 감속비

- MOTOR 회전수, N

$$N = \frac{120f}{P} - S$$

F = Hz = 60Hz
P = Motor Pole
S = Slip

4P = 1,800RPM → 1,750RPM	우리나라 경우(60Hz 시)
6P = 1,200RPM → 1,150RPM	

4P = 1,500RPM → 1,450RPM	일본의 경우(50Hz 시)
6P = 1,000RPM → 950RPM	

4p Motor가 6p Motor보다 싸고 Tonque는 작다.
T = 71,620 × H / N 식을 풀어보면, 1HP × 4P----1,800RPM
T = 71,620 × 1 / 1,800 = 39.78kg - cm

1HP × 6P---1,200RPM

T = 71,620 × 1 / 1,200 = 59.68kg - cm

→ 비교하면 $\frac{59.68}{39.78} = 1.5$

즉, 6P Motor가 4P Motor보다 Torque는 1.5배 크다.
그러나 최종 Screw Shaft까지 전달될 수 있는 Torque는 서로 같다.
왜냐하면 4p Motor 경우는 6p Motor보다 감속비가 커야 Screw RPM을 맞출 수 있으므로 감속기에서 Torque가 증가하기 때문이다.

4) Stuffing Box(Packing Housing & Packing Gland)

- Stuffing Box 설치목적은 Screw Case 내부에서 운송되고 있던 이송물질이 외부로 누설시키지 않게 하기 위해서 설치된다.
  즉, Shaft 부 Sealing을 하기 위해서 설치된다.

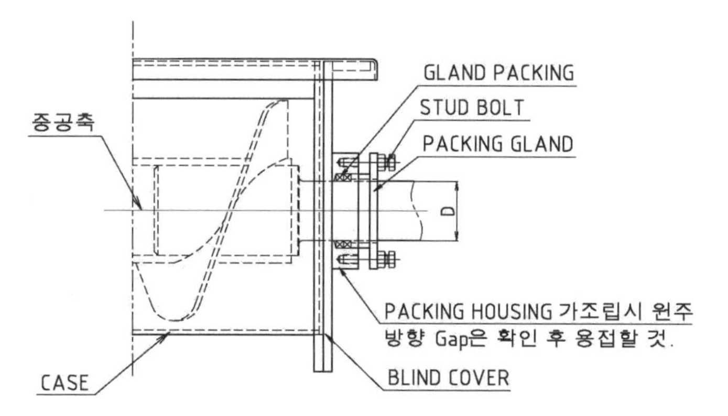

Gland Packing은 9mm 또는 15mm를 사용하기로 한다.
이때는 K = D + 30이다.

- 일반적인 Packing Housing

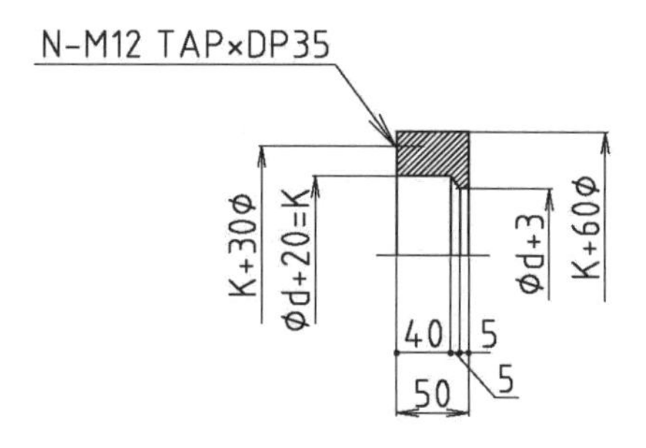

d = Packing Housing이 설치되는 부위 축경

- 일반적인 Packing Gland

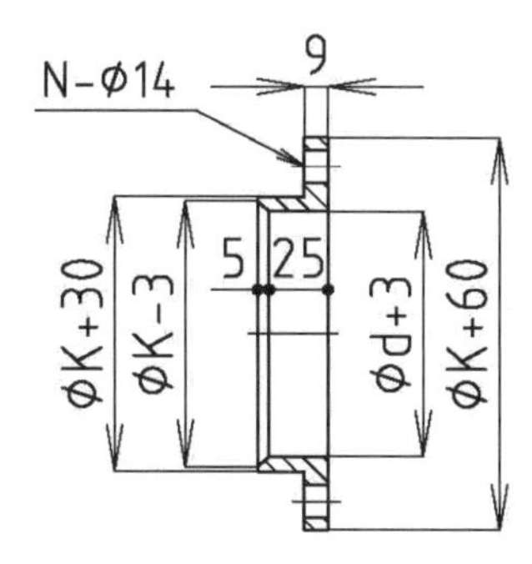

- STUD BOLT

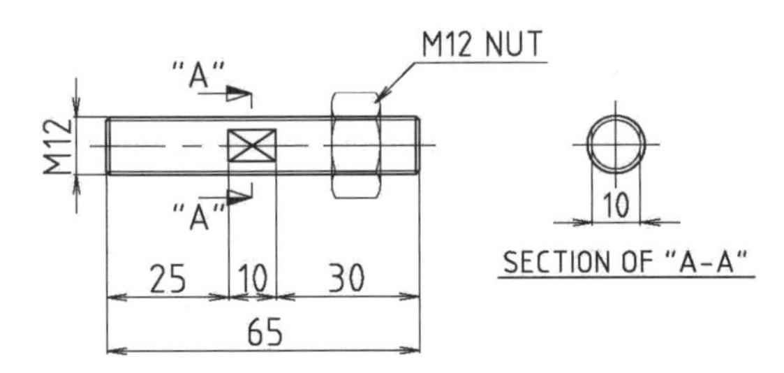

M12 Nut와 같이 사용된다. Stuffing Box를 타이트하게 조일 때는 Nut를 Spaner로 조인다.

- Nut로 계속 조여서 Packing Gland와 Packing Housing의 Gap이 없어지면, Gland Packing를 삽입시킨다. Gland Packing 삽입 시 Grease Oil을 충분히 Pacing에 바르고 2Pitch 이상 삽입 시 각 Pitch씩 절단치 않고 연속으로 2Pitch를 삽입시킨다.

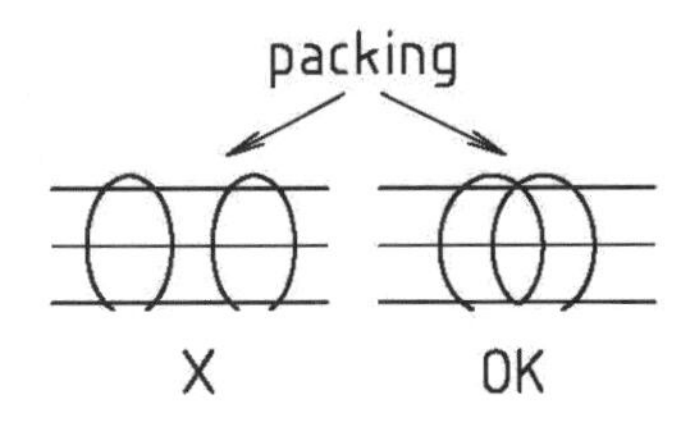

5) End Blind Cover

- Blind Cover는 Case를 끝내는 부위에 설치되고 Blind Cover에 Packing Housing 및 Bearing Base가 설치된다.
- 일반적으로 End Blind Cover 두께는 12t 정도이나 필요에 따라서 두께를 5t 혹은 9t를 사용하기도 한다.
- Blind Cover와 Case 사이에는 Gasket을 삽입시킨다.
  Gasket 사양은 Asbestos(1.2~3.2t)를 사용하나, Asbestos는 발암물질이므로 End User에서 제한할 수 있다. 이때는 Silicone Gasket으로 Sealant 처리하기도 한다.

* 주의사항 Silicone은 초기 바를 때는 액상이므로 바른 후 약 2~3시간 경화 후 조립하여야 하고 Painting 시 Silicone 자체 內에서 함유되어 있는 Oil이 밖으로 스며들 가능성이 있으며 신너를 이용하여 기름을 제거하고 Painting을 실시하면 된다.

- Packing Housing을 Blind Cover에 용접 시 다음에 주의한다.
  * 용접시기: 전체가 조립 시, Gland Packing을 삽입 후
  * 용접방향: 온 둘레 全용접을 충분히 가접 후 실시한다.
  * 사용 용접봉: Packing Housing이 S45C일 경우 건조된 7016,
    일반 재질의 경우 4313 용접봉을 사용한다.
- End부에 설치되므로 외관이 미려하도록 각별히 신경 써야 한다.

6) Drive Unit Base(Motor Base)

- Drive Unit Bed는 Steel 강판으로 제작하나. Drive Motor를 Screw Shaft와 직접 Chain Coupling이나 기타 Coupling을 이용하여 연결할 때 Steel Channel 등으로 만들기도 한다.

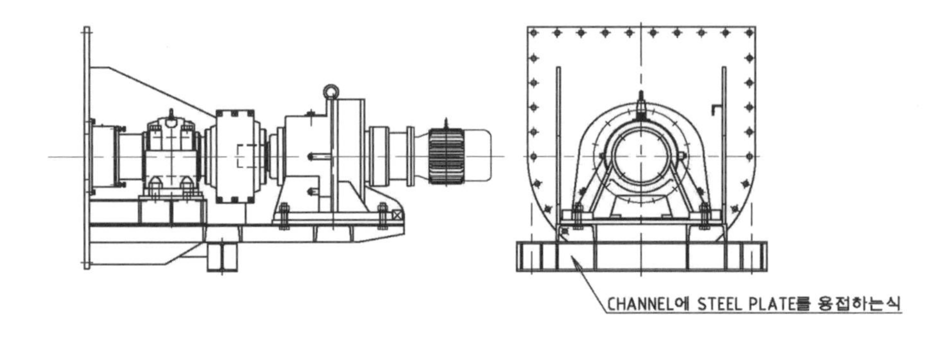

Coupling식 Motor

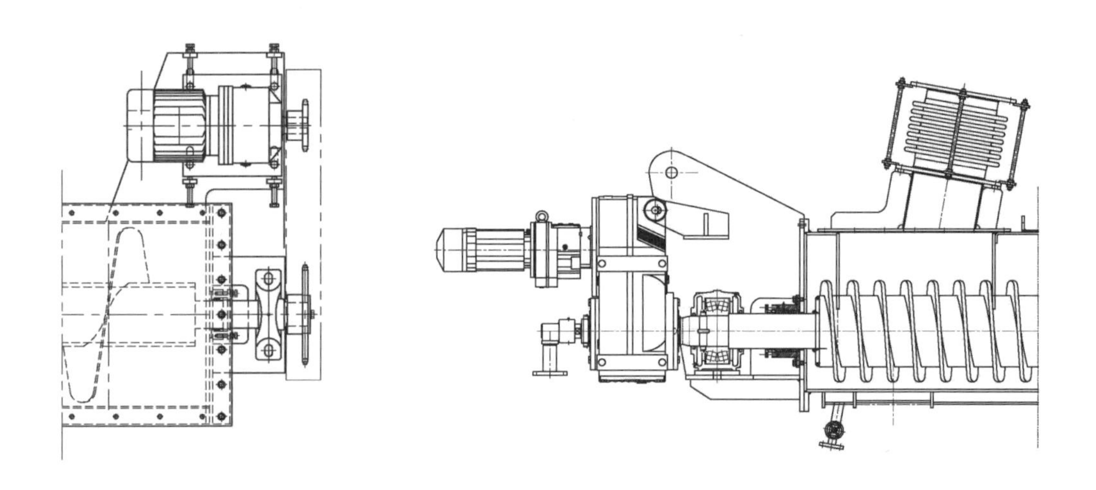

Sprocket식 Motor

Hollow in Shaft

- 운전 시 Motor Base에서 Vibration이 생길 수 있는데 이는 Motor Bed가 강도상 약해서 생기는 경우와 동력전달 과정에서 발생되는 경우가 있다. 즉, Drive Chain Sprocket Center 간 공차가 맞지 않거나, Coupling 설치 시 공차가 불량하여 Vibration이 발생할 수 있다.

* Drive Chain Sprocket 공차 및 사용 설명(일본 Tsubaki에서 발췌)

1. 롤러 체인 자르는 방법

- 롤러 체인을 표준 치수 10Feet(3,048mm) 또는 릴에 감은 상태로 구입하는 경우는 먼저 필요한 길이로 절단하는 작업이 필요하다.
  롤러 체인 자르는 방법에는 두 가지 방법이 있다.
  1) 체인 바이스와 펀치를 사용하는 방법
  2) 체인 스크루를 사용하는 방법

1.1 체인 바이스와 펀치를 사용하는 방법

- 리벳형 롤러 체인은 외부 링크의 2개의 핀 한쪽 끝(같은 쪽)을 플레이트와 동일한 면이 될 때까지 그라인더로 절삭한다.
  그라인더 작업 시에는 체인의 과열에 주의한다.
  플라스틱 콤비 체인은 리벳이 없으므로 이 작업이 필요 없다.
  또한 RS08B-1-RS16B-1은 간이 절단 사양의 핀을 사용하고 있으므로 그라인더로 핀 리벳부를 제거할 필요가 없다.
- 분할핀형 롤러 체인은 분할핀을 뺀다.

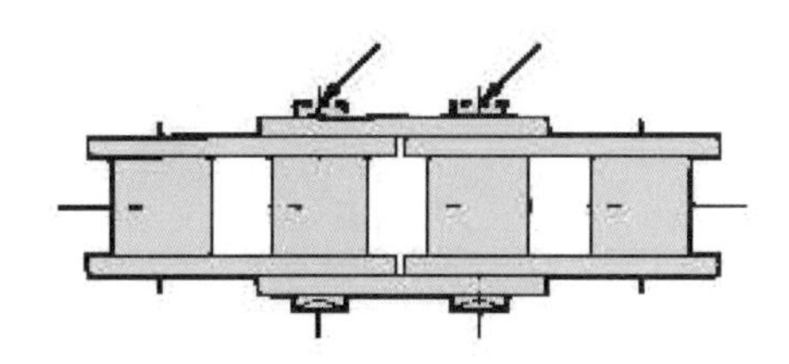

그림 1. 리벳형 롤러 체인

그림 2. 핀의 끝 부분을 절삭

- 롤러 체인을 체인 바이스의 홈에 통과시켜 분해할 부분의 롤러를 체인 바이스의 물림쇠로 가볍게 조인다.
  1) 플라스틱 콤비 체인과 람다 체인은 1.3항과 1.4항에 따라 실시한다.
  2) 슈퍼 체인의 다열인 경우는 최하단의 롤러를 체인 바이스의 물림쇠에 통과시킨다.

그림 3. 체인 바이스에 롤러 체인을 세트

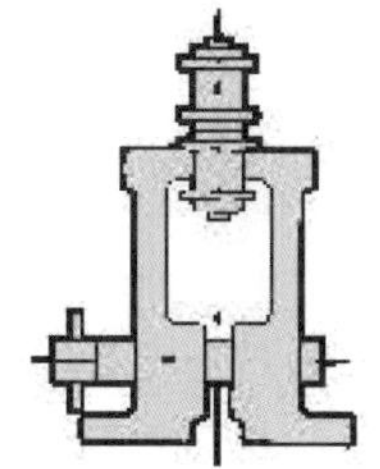

그림 4. 슈퍼 체인의 세트

4) 롤러 체인의 사이즈에 맞는 1차 펀치를 그라인더로 깎은 핀의 머리에 대고 1차 펀치의 머리를 해머로 두드립니다. 이때 외부 링크의 1쌍의 핀이 평행하게 빠지도록 교대로 두드립니다. 외부 플레이트에서 핀이 빠지기 직전까지 두드린다.

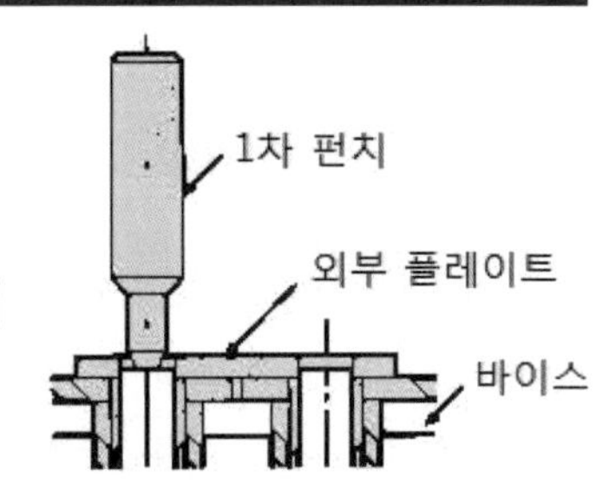

그림 5. 1차 펀치로 핀을 두드림

5) 2차 펀치와 해머를 사용하여 외부 플레이트에서 1쌍의 핀을 뺍니다. 핀을 뺀 부분의 Bush가 빠지지 않았는지, 변형되지 않았는지 확인하십시오. 만약 빠지거나 변형되었을 때는 해당 부분은 사용하지 않는다.

#. 안전상의 주의사항

1) 리벳형 핀의 한쪽 끝은 리벳 부분을 반드시 그라인더로 절삭한다. 그대로 빼면 잘 빠지지 않거나 체인이 손상된다.
2) 빼낸 부품은 다시 사용하지 않는다.

1.2 체인 스크루를 사용하는 경우

1) 리벳형 RS롤러 체인은 외부 링크의 2개의 핀 한쪽 끝을 그라인더로 절삭한다.(1.1항과 동일한 요령) 분할핀 형 RS롤러 체인은 분할핀을 뺀다.
2) 핀은 동일한 외부 링크의 핀 2개를 뺀다. 절단 부분의 Bush가 빠지지 않았는지, 변형되지 않았는지 확인한다. 만약 빠지거나 변형되었을 때는 해당 부분은 사용하지 않는다.

그림 6. 체인 스크루로 자르는 방법

#. 안정상의 주의사항

1) 체인 스크루는 롤러 체인의 분해 전용의 공구이며, 기계 장치에 세트한 상태의 롤러 체인을 분해할 수 있다. 이 경우, 롤러 체인에 가해진 부하나 롤러체인 자체의 중량을 미리 지지하여 롤러 체인을 분해했을 때의 낙하를 방지한다.
2) 빼낸 부품은 다시 사용하지 않는다.

1.3 플라스틱 콤비 체인 자르는 방법

1) 체인의 외부 링크 플레이트를 받침대로 받치고, 핀의 머리를 전용 펀치로 누르고 해머로 펀치의 머리를 가볍게 두드린다.
2) 이때 엔지니어링 플라스틱 부분에 큰 힘이 가해지면 파손될 우려가 있으므로 주의한다.

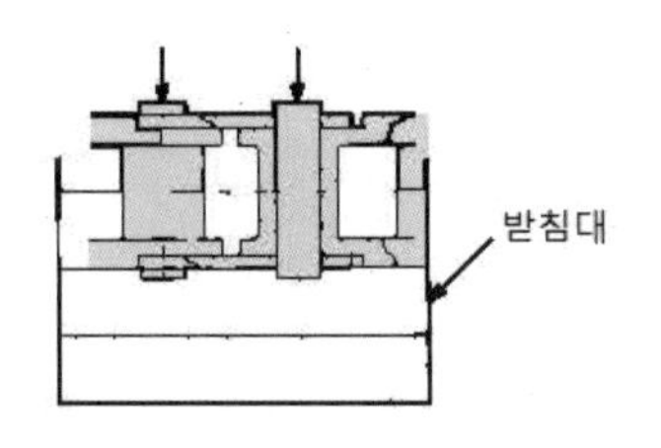

그림 7. 플라스틱 콤비 체인을 받침대에 세트

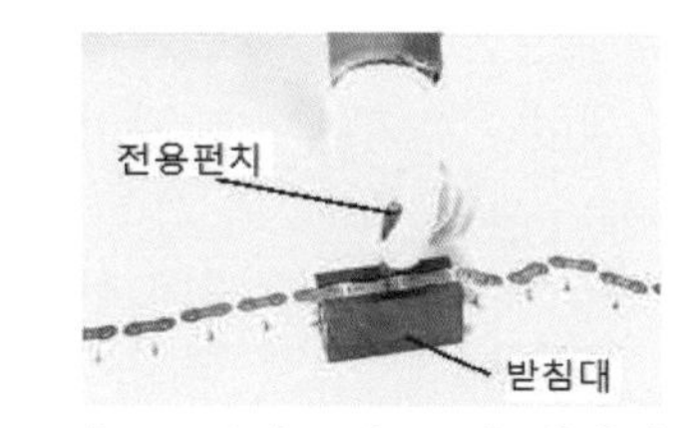

그림 8. 플라스틱 콤비 체인의 분해

1.4 람다 체인 자르는 방법

1) 체인 바이스 등으로 람다 체인을 잡고 그라인더 작업을 통해 외부 링크의 핀 2개 중 한쪽 끝을 플레이트와 동일한 면이 될 때까지 절삭한다.
   그라인더 작업 시에는 과열에 주의한다. 특히, Bush가 가열되지 않도록 천천히 작업한다.
2) 전용 받침대와 RS롤러 체인용 펀치를 사용하여 자른다. 자르는 방법의 요령은 1.1항 4), 5)와 같다. 단, 바이스 대신 전용 받침대를 사용한다.
3) 펀치로 핀을 뺄 때는 교대로 가볍게 두드려서 뺀다. 이때 Bush가 빠지거나 파손되지 않도록 주의한다. Bush가 빠지거나 파손되었을 때는 해당 부분은 사용하지 않는다.

2. 롤러 체인 연결하는 방법

2.1 스프라켓의 톱니 부분으로 연결하는 경우

- 롤러 체인을 연결할 때 또는 분리할 때는 스프라켓의 톱니를 이용하면 편리하다. 다음 요령으로 실시한다.
  1) 롤러 체인을 스프라켓에 감아서 롤러 체인의 양 끝이 스프라켓에 걸리도록 한다.
  2) 연결 링크를 연결부에 삽입한다.
  3) 연결 플레이트를 넣은 다음, 클립·분할 핀 또는 스프링 핀 등으로 고정한다.
  4) 억지 끼워맞춤 연결 링크 또는 F형 연결 링크일 때는 연결 플레이트를 해머로 가볍게 두드려서 소정의 위치까지 삽입한다. 그 후에 클립이나 분할 핀 또는 스프링 핀 등으로 고정한다.
  5) 스프라켓의 톱니를 이용하는 경우는 치선이 손상되지 않도록, 특히 주철 재질의 스프라켓일 때는 주의한다.

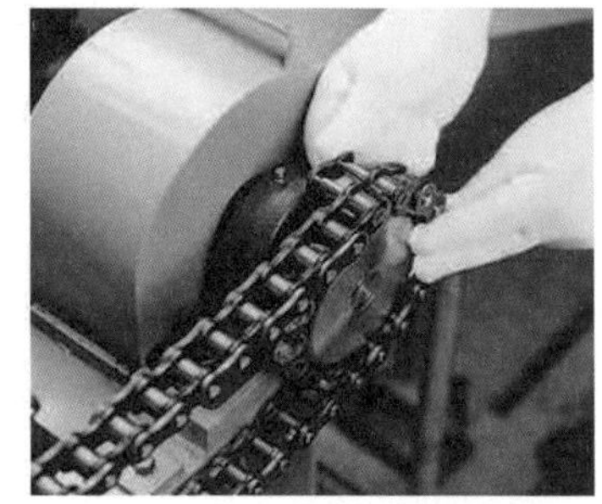
그림 9. 스프라켓 부에서 연결

2.2 축간에서 연결하는 경우

- 레이아웃 관계로 스프라켓의 톱니를 이용할 수 없을 때는 다음 요령으로 연결한다.

  1) 롤러 체인을 스프라켓에 감아서 롤러 체인의 양 끝을 체인 롤러 또는 와이어 등으로 끌어당긴다.
  2) 연결 링크를 연결부에 삽입한다.
  3) 연결 링크 플레이트를 넣고 클립·분할 핀 또는 스프링 핀 등으로 고정한다.

그림 10. 축간에서 연결

2.3 클립·분할 핀

1) 클립

클립은 RS60 이하의 소형 롤러 체인의 연결 링크에 사용되고 있다.
연결할 때는 핀에 연결 링크 플레이트를 삽입한 후, 클립을 연결 링크의 핀 2개의 홈에 확실히 삽입한다. 클립의 다리를 너무 많이 벌리면 정확하게 삽입되지 않고 떨어져서 예상치 못한 사고가 발생하므로 주의한다.
클립 부착 방향은 일반적으로 롤러 체인의 진행 방향에 대해 그림 11.과 같다.

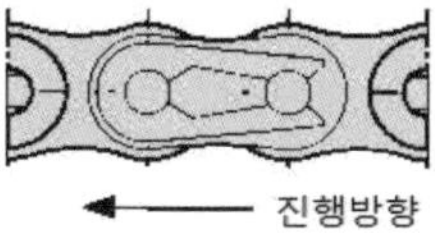

진행방향

그림 11. 클립 부착 방향

2) 분할 핀

당사의 범용, 강력, 무 급유 드라이브 체인 등의 분할 핀은 열처리되어 있다.
분할 핀의 다리를 벌리는 각도는 60° 정도로 한다. 분할 핀을 재사용하거나 시판되는 분할 핀을 사용하지 않는다.

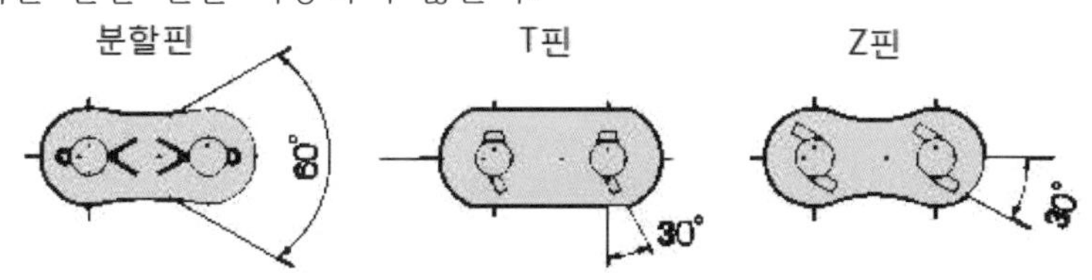

그림 12. 분할 핀 등의 다리를 벌리는 각

RS 드라이브 체인 분할 핀 치수 표 (시판품 아님)

체인 사이즈	분할 핀 호칭 치수	체인 사이즈	분할 핀 호칭 치수
RS35	1 × 6	RS100	2.5 × 20
RS40	1 × 6	RS120	3 × 23
RS50	1.6 × 8	RS140·RS160	4 × 24.5
RS60	2 × 10	RS180	5 × 32
RS80	2.5 × 14	RS200	5 × 37

* RS240은 스프링 핀 사양이다.

#. 안전상의 주의사항

1) 축간 거리를 조정하거나 아이들러를 사용하며 가능한 한 옵셋 연결구를 사용하지 않는다.
2) F형 연결 링크나 다른 연결 링크를 사용하여 핀과 연결 플레이트의 구멍이 억지 끼워 맞춤이 된 경우, 연결 작업을 간단하게 하기 위해 연결 플레이트의 구멍을 크게 하거나 핀의 지름을 가늘게 하면 롤러 체인의 강도가 저하되어 사고의 원인이 되므로 절대 피한다.
3) 분할 핀 형 롤러 체인의 외부 링크는 연결 링크의 대용이지만 간섭이 있으므로 외부 링크 플레이트를 핀에 박아 넣어야 한다. 이때 1쌍의 핀은 평행으로 외부 링크에 끼워지도록 주의한다. 평행하게 끼우지 않으면 1쌍의 핀이 변형되거나 맞물리는 힘이 저하된다. 위의 2)와 동일하게 주의한다.
4) 한번 뺀 억지 끼워 맞춤 플레이트는 다시 사용하지 않는다. 빼내는 과정에서 강도가 저하되기 때문이다.
5) 연결 링크, 옵셋 연결구는 일반적으로 방청유만 도포되어 있다. 본체에 조립할 때는 핀-Bush에 윤활유를 충분히 도포한다.

3. 롤러 체인의 윤활

- 롤러 체인 동력 전달에서 윤활은 매우 중요하다. 특히 체인에 요구되는 성능이 높을수록 윤활의 중요성은 더욱 높아진다. 윤활이 불완전하면 고도로 설정된 동력 전달 장치라도 수명을 다할 수 없다. 사용 조건에 따라서는 매우 짧은 시간에 구명에 도달할 수 있으므로 윤활에 대해서는 특히 주의한다.
  1) 급유, 급지의 최대의 목적은 체인의 마모 신장을 억제하여 부식을 방지하는 것이다. 마모 신장은 굴곡부에서 일어나는 핀과 Bush 간의 마모에 의해 발생한다.
  2) 롤러 체인은 포장하기 전에 Oil을 도포한다.(스테인레스 드라이브 체인 제외) 이 Oil은 방청 및 윤활 효과가 있는 고급유를 사용하므로 운전 초기에 일어나기 쉬운 마모를 방지하고, 윤활유와 친화되어 내마모성을 확보한다.
  3) 납품된 롤러 체인에 도포된 오일을 천으로 닦아내거나 세정제 등으로 닦아내지 않는다.

3.1 급유 위치

1) 롤러 체인의 마모 신장은 핀과 Bush 간의 마모에 의해 생기므로 이 부분에 급유를 실시해야 한다.
2) 롤러 체인의 늘어진 쪽에서 외부 플레이트와 내부 플레이트의 틈새에 윤활유가 들어가도록 한다. 동시에 Bush에 롤러 사이에도 급유한다.

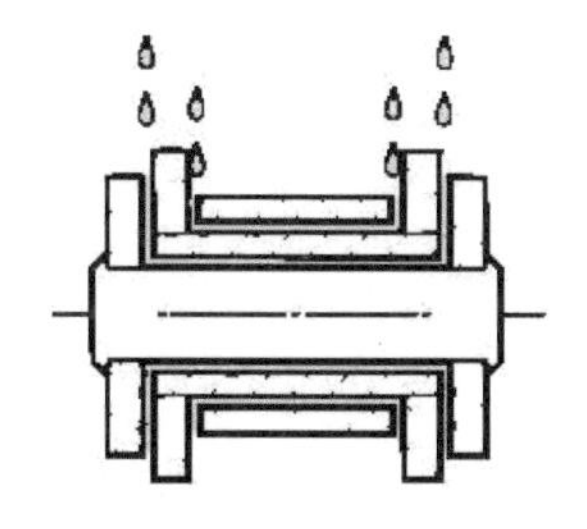

그림 13. 급유 위치

3.2 매다는 기구의 경우

1) 일반적으로 느슨한 부분이 없지만 가능한 한 롤러 체인에 작용하는 하중을 제거한 상태에서 급유한다.
2) 구부러지지 않은 경우의 롤러 체인에는 충분히 급유한 후 부식 방지를 위해 그리스를 롤러체인 주변에 두껍게 도포한다.
또한 움직이지 않는다고 해도 단말 금구와의 연결부에도 충분히 급유한다.
3) 실외에서 사용하는 롤러 체인에 비나 눈이 닿으면 유지분이 흘러내리거나 유해한 부식이 일어나므로 커버 등을 부착한다. 비나 눈을 맞았을 때는 수분을 제거하고 신속하게 롤러 체인에 급유한 후, 그 위에 그리스를 두껍게 도포한다.

3.3 윤활유의 종류

1) 권장 SAE 번호(표1)

윤활 형식	AⅠ, AⅡ, B				C			
주위 온도 / 체인 번호	-10℃~0℃	0℃~40℃	40℃~50℃	50℃~60℃	-10℃~0℃	0℃~40℃	40℃~50℃	50℃~60℃
RS50 이하의 작은 피치	SAE10W	SAE20	SAE30	SAE40	SAE10W	SAE20	SAE30	SAE40
RS60·80	SAE20	SAE30	SAE40	SAE50				
RS100					SAE20	SAE30	SAE40	SAE50
RS120 이상의 큰 피치	SAE30	SAE40	SAE50					

2) 시판 윤활유의 예(표2)

SAE	SAE10W	SAE20	SAE30	SAE40	SAE50
SOVG(cst40℃) / 제조업체명	32	68	100	150	220
이데미쓰고산㈜	다프니 메카닉 오일 32	"68	"100	"150	"220
엑손모빌(유)	DTE 오일 라이트	"헤비 미디움	"헤비	" 엑스트라 헤비	"BB
쇼와 셸 석유㈜	테라스 오일 C32	"68	"100	"150	"220
JX에너지㈜	슈퍼멀퍼스 DX32	"68	"100	"150	"220
	FBK오일 RO32	"68	"100	"150	"220

3) 저온·고온일 때의 윤활유 예(표3)

- 롤러 체인을 저온 또는 고온에서 사용하는 경우, 사용 가능한 윤활유는 다음과 같다. 다른 브랜드의 경우는 상당품을 사용한다.

외기 및 운전 온도	-50℃~25℃	-25℃~0℃	-10℃~60℃	60℃~200℃	150℃~250℃
제조업체명 윤활유명	도레이·다우코닝㈜ SH510 신에쓰 화학공업㈜ KF50 모멘티브 퍼포먼스 머터리얼스 TSF431	일본 썬 오일㈜ SUNISO 4GS 쇼와 셸 석유㈜ 냉동기유 68K	상기 참조	VADEN 핫 베어링 오일 #255 엑슨모빌(유) 모빌 바큐오린 546 ㈜ MORESCO 모레스코 하이루프 L-150	사토 특수제유(주) 핫 오일 No75

급유 방법은 모두 적하, 급유기, 브러시로 급유한다.

4. 롤러 체인의 배치 및 설치

4.1 속도비와 감는 각도

- 롤러 체인의 동력 전달 속도비는 보통 7:1까지가 적당하지만 아주 저속인 경우에 한하여 10:1 정도까지 가능하다. 또한 작은 스프라켓과 체인의 감는 각도는 120° 이상이 필요하다. 단, 매다는 기구인 경우는 90° 이상이 필요하다.

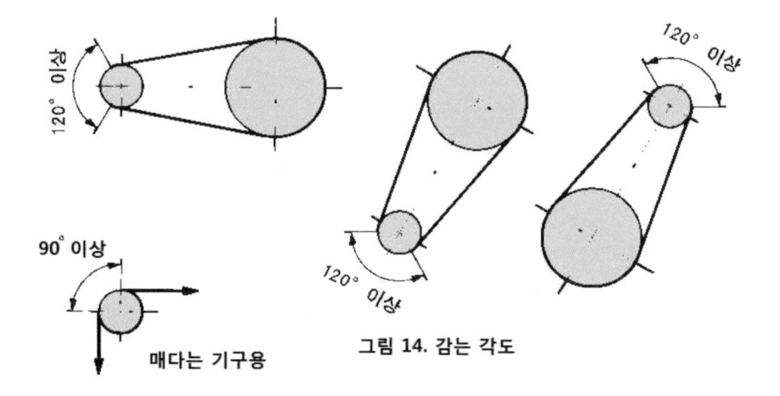

그림 14. 감는 각도

4.2 축간 거리

- 최단 거리는 2개의 스프라켓의 톱니가 접촉하지 않는 거리이면 됩니다. 가장 좋은 두 축의 중심 거리는 사용하는 롤러 체인의 피치의 30~50배 정도가 이상적이다. 단, 변동하중이 가해질 때는 20배 이하가 적당하다.

4.3 처짐량

- 롤러체인 동력 전달에서는 v·평 벨트 동력 전달과 같이 초기장력을 부여할 필요는 없으며, 일반적으로 롤러 체인을 적당히 느슨하게 하여 사용한다. 롤러 체인을 너

무 팽팽하게 하면 핀과 Bush 사이의 유막이 파괴되고, 롤러 체인이나 베어링의 손상이 빨라진다. 또한 너무 느슨하면 롤러 체인이 진동하거나 스프라켓에 감겨서 롤러 체인과 스프라켓의 양쪽이 손상된다.

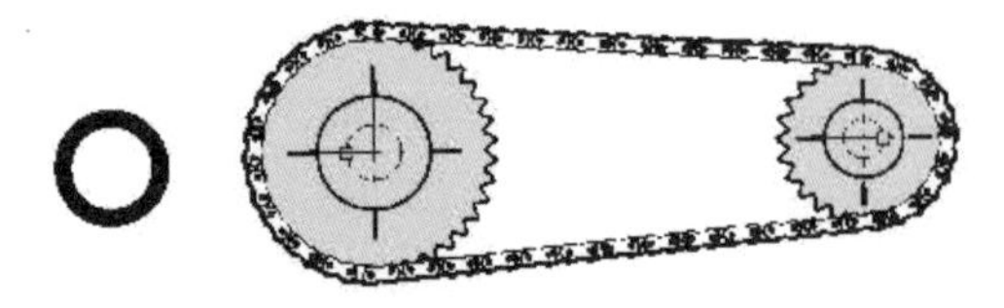

그림 15.

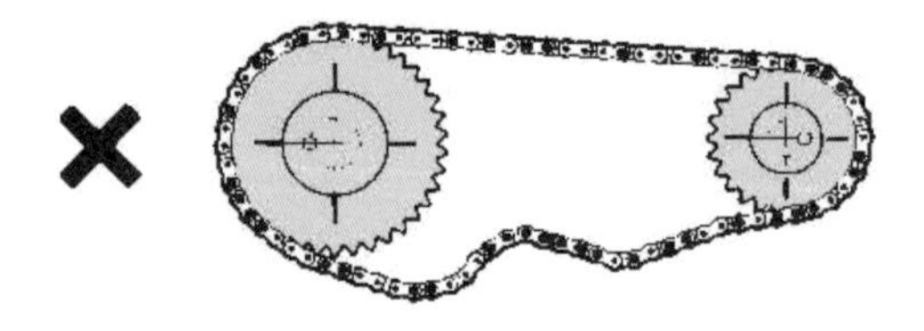

- 롤러 체인 동력 전달에서는 가능한 한 아래쪽을 느슨하게 한다. 적당한 처짐량은 느슨한 쪽의 중앙을 손으로 직각 방향으로 움직였을 때 그 길이(SS)가 스팬(AB)의 약 4% 정도이다.
  예) 스팬에 길이가 800mm인 경우의 처짐량은 800mm × 0.04 = 32mm가 된다.
  다음과 같은 경우에는 2% 정도로 한다.
  1) 수직 동력 전달 또는 그와 가까운 배치인 경우(텐셔너 필요)
  2) 축간 거리가 1m 이상인 경우
  3) 중(重)하중에서 가끔 기동하는 경우
  4) 급하게 역회전하는 경우

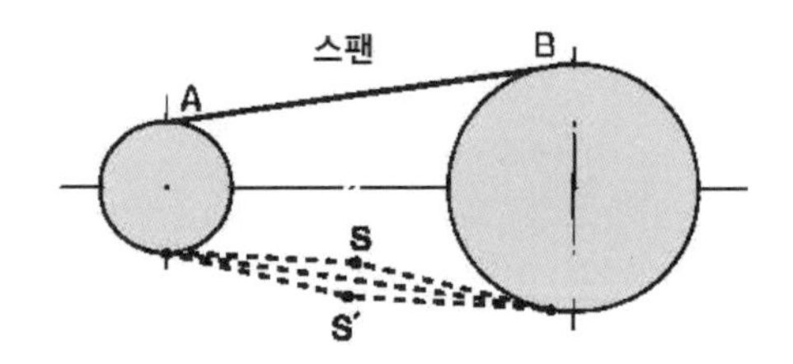

그림 16. 처짐량

- 롤러 체인은 처음 사용할 때부터 수십 시간까지는 각부 접촉면이 길들여짐에 따라 약간 신장된다(0.05% 정도). 이로 인해 롤러 체인이 너무 느슨하게 되므로 처짐량 조절이 필요하다. 처짐량의 조절은 텐션 장치에서 조절할 수 있도록 설계된 경우에는 해당 장치를 사용하고, 텐션 장치가 없는 경우는 베어링을 이동시켜 처짐량을 조정한다. 그 후에는 체인이 잘 길들여지므로 신장은 극히 작아진다.

4.4 축의 평행도와 수평도

- 스프라켓의 부착 정밀도는 롤러 체인의 매끄러운 동력 전달에 큰 영향을 주며 롤러 체인의 수명을 좌우한다. 다음 요령에 따라 정확하게 부착한다.

1) 수준기로 축의 수평도를 측정한다.
   정밀도는 + 1/300 범위에서 조정한다.

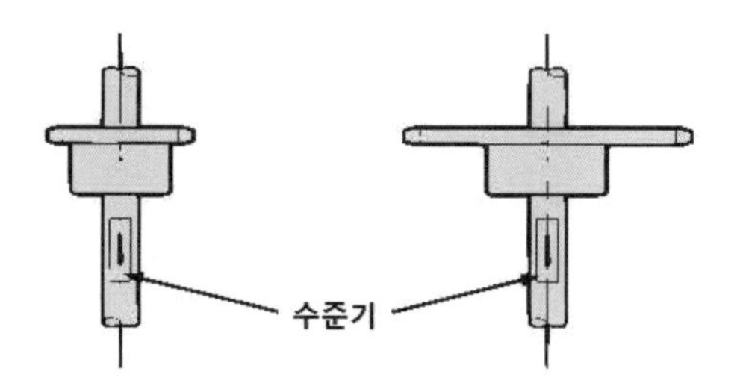

그림 17. 축의 수평도

2) 스케일로 축의 평행도를 측정한다.
   축의 평행도는 + 1/300 = (A-B/L)의 범위로 조정한다.

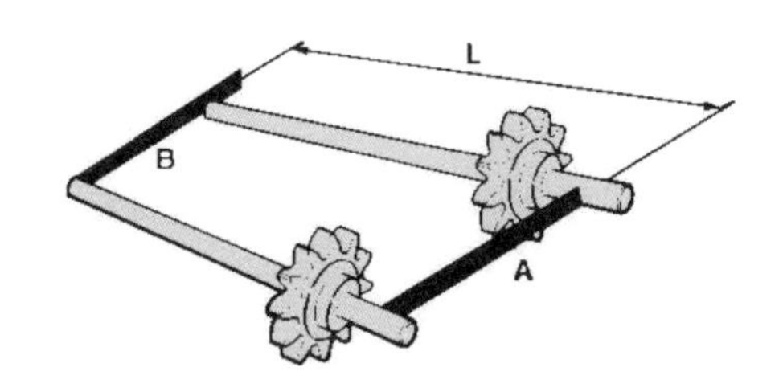

그림 18. 축의 평행도

3) 스트레이트 에지(또는 스케일)로 1쌍의 스프라켓이 동일한 평면에 있도록 수정한다. 스프라켓의 축간 거리에 따라 다음의 값 이하로 한다.

1m까지:±1mm
1m-10m:±축간거리(mm)/1,000
10m **이상:** ±10mm

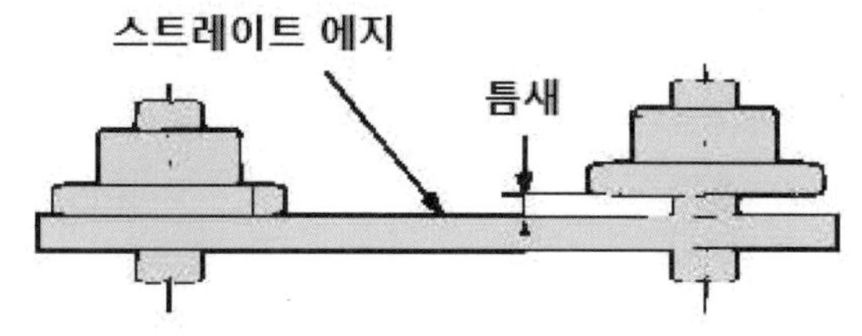

그림 19. 스프라켓의 어긋남

4) 스프라켓은 파워 록이나 고정 스프라켓, 키(필요하면 칼라, 세트 볼트 등)를 사용하여 축에 고정한다.

4.5 배치

- 일반적인 배치

롤러 체인 동력 전달의 배치는 양쪽 스프라켓의 중심을 연결한 선이 수평에 가까운 것이 이상적이다. 수직에 가까운 배치의 경우는 롤러 체인이 약간만 신장해도 스프라켓에서 빠지기 쉬우므로 아이들러나 텐셔너를 사용한다. 경사각은 가능한 한 60˚ 이내로 한다.

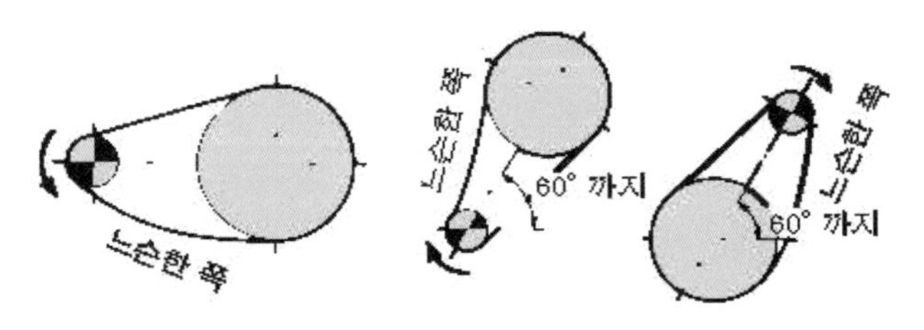

그림 20. 일반적인 배치

- 주의해야 하는 배치

1) 위쪽이 느슨한 경우

중심 거리가 짧은 경우에는 베어링을 이동하여 스프라켓의 중심 거리를 긴 듯한 상태로 조절한다.

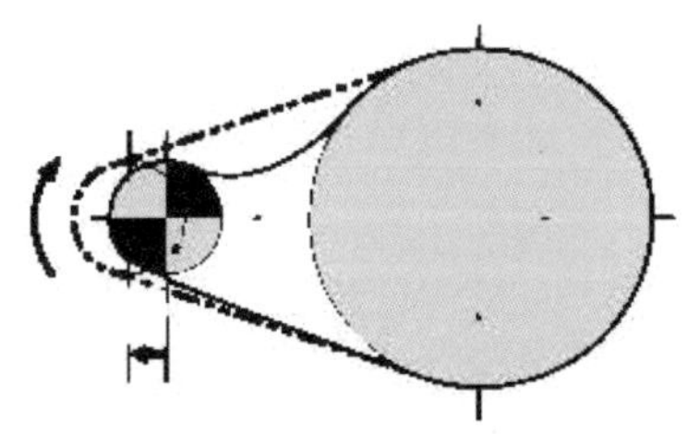

그림 21. 중심 거리가 짧은 경우의 레이아웃

중심거리가 긴 경우에는 느슨한 쪽의 안쪽으로 중간 아이들러를 넣어 롤러 체인을 받친다.

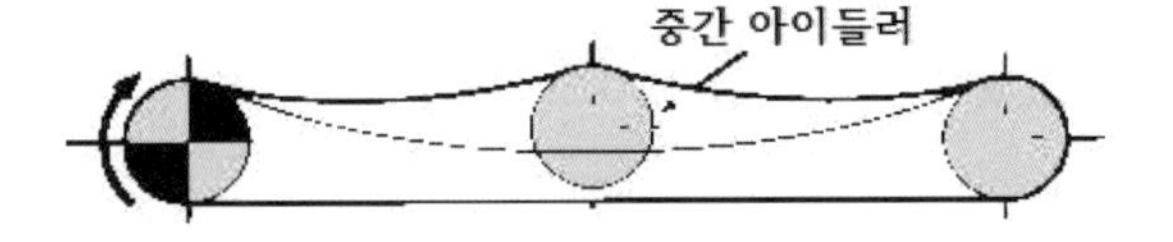

그림 22. 중심 거리가 긴 경우의 레이아웃

2) 체인 속도가 빠르고 변동 하중이 가해지는 경우

롤러 체인의 고유 진동수와 피동기의 충격 주기, 또는 롤러 체인의 코달 액션 등이 동조하여 롤러 체인이 진동하는 경우가 있다. 이와 같은 경우에는 진동 방지를 위해 가이드 스토퍼(NBR·초고분자 폴리에틸렌 재질) 등으로 진동을 제한한다.

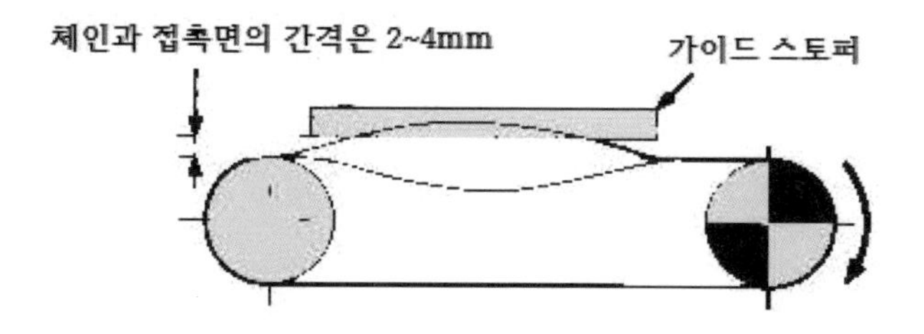

그림 23. 진동 방지 가이드 스토퍼

3) 중심선이 수직인 경우

여분의 처짐량을 자동으로 조정할 수 있는 텐셔너를 부착한다.
구동축이 아래쪽인 경우에는 특히 필요하다.

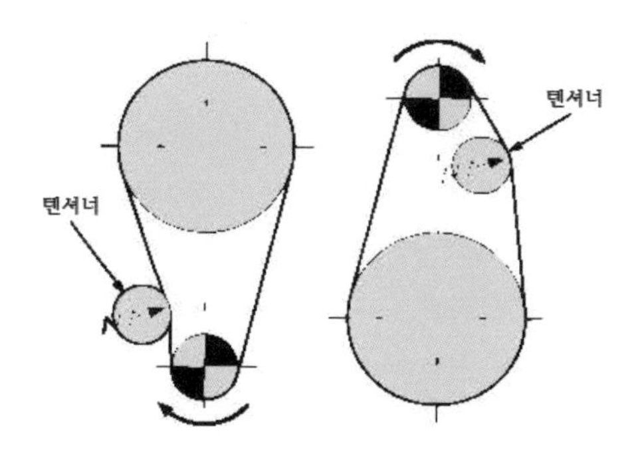

그림 24. 수직 동력 전달

* Chain Coupling 조립 작업

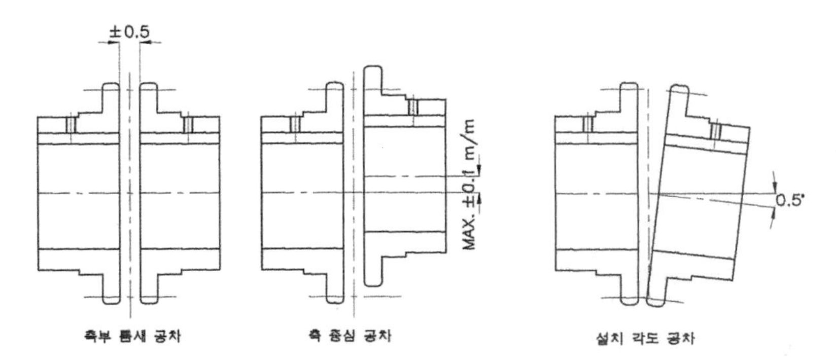

상기 공차 내에 설치되기 위해서는 Motor Base 위에 Reducer 설치용 Bolt Hole의 위치가 정확해야 한다. 그래서 Motor를 설치하기 위해서는 시기가 중요한데 전체 가 조립 시 Hole 작업하고(미리 Balance 작업 후) 설치한 것이 순서이다.

7) Side Bearing

- 양쪽 측면에는 Bearing이 장착되는데 이 Bearing을 Side Bearing이라고 한다. Screw Shaft는 회전하면서 이송물질과 Trough 간의 마찰 저항으로 이송방향 반대 측에서는 추력을 받는다.

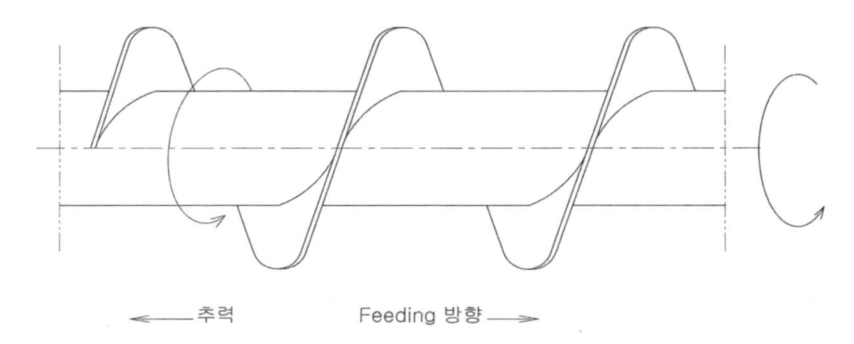

상기와 같이 Conveyor Shaft가 오른쪽 방향으로 회전하고 Screw 감김 방향이 오른쪽일 때 이송 방향은 오른쪽 방향으로 물질은 이송하게 된다.
이때 왼쪽 방향으로 추력이 작용한다. 비록 추력이 미비하기는 하지만 Conveyor Capacity가 클 경우는 검토가 필요하다.
일반적으로 Screw Conveyor에 적용되는 Bearing Type은 Pillow Block형 Bearing이며 종류는 다음과 같다.
UCP □□□ , UCF □□□ , SN □□□
□□□는 shaft 직경에 따라 구분된다.
UCP, UCF, SN Type Bearing Block의 외형 촌법은 다음과 같다.

- UCP 축경 12~60mm (창성베어링상사에서 발췌)

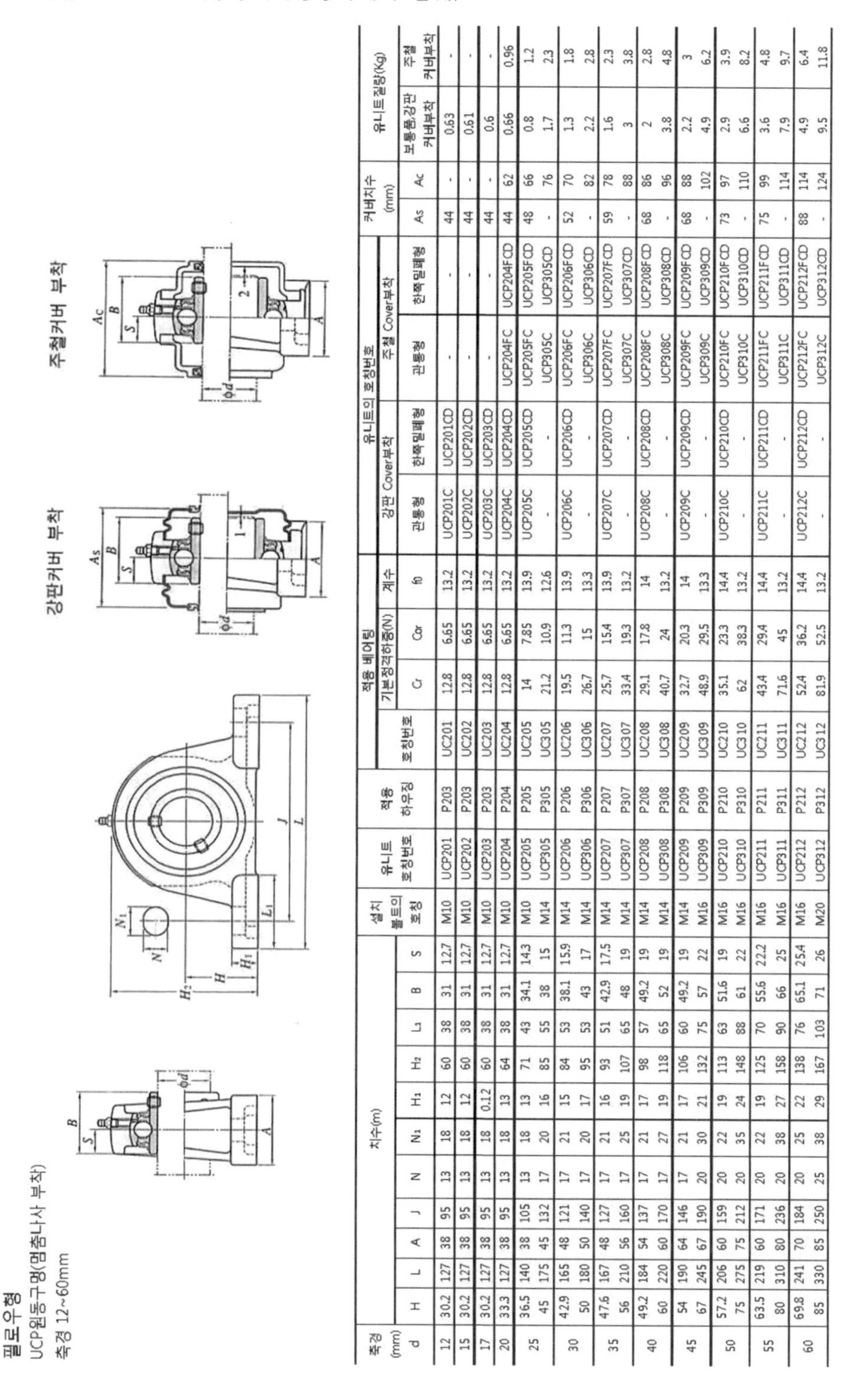

축경 (mm)	치수(m)											설치 볼트의 호칭	유니트 호칭번호	적용 하우징	적용 베어링				유니트의 호칭번호				커버치수 (mm)		유니트질량(Kg)	
															호칭번호	기본정격하중(N)		계수	강판 Cover부착		주철 Cover부착					
d	H	L	A	J	N	N1	H1	H2	L1	B	S					Cr	Cor	f0	관통형	한쪽밀폐형	관통형	한쪽밀폐형	As	Ac	보통품,강판 커버부착	주철 커버부착
12	30.2	127	38	95	13	18	12	60	38	31	12.7	M10	UCP201	P203	UC201	12.8	6.65	13.2	UCP201C	UCP201CD	-	-	44	-	0.63	-
15	30.2	127	38	95	13	18	12	60	38	31	12.7	M10	UCP202	P203	UC202	12.8	6.65	13.2	UCP202C	UCP202CD	-	-	44	-	0.61	-
17	30.2	127	38	95	13	18	0.12	60	38	31	12.7	M10	UCP203	P203	UC203	12.8	6.65	13.2	UCP203C	UCP203CD	-	-	44	-	0.6	-
20	33.3	127	38	95	13	18	13	64	38	31	12.7	M10	UCP204	P204	UC204	12.8	6.65	13.2	UCP204C	UCP204CD	UCP204FC	UCP204FCD	44	62	0.66	0.96
25	36.5	140	38	105	13	18	13	71	43	34.1	14.3	M10	UCP205	P205	UC205	14	7.85	13.9	UCP205C	UCP205CD	UCP205FC	UCP205FCD	48	66	0.8	1.2
	45	175	45	132	17	20	16	85	55	38	15	M14	UCP305	P305	UC305	21.2	10.9	12.6	-	-	UCP305C	UCP305CD	-	76	1.7	2.3
30	42.9	165	48	121	17	21	15	84	53	38.1	15.9	M14	UCP206	P206	UC206	19.5	11.3	13.9	UCP206C	UCP206CD	UCP206FC	UCP206FCD	52	70	1.3	1.8
	50	180	50	140	17	20	17	95	53	43	17	M14	UCP306	P306	UC306	26.7	15	13.3	-	-	UCP306C	UCP306CD	-	82	2.2	2.8
35	47.6	167	48	127	17	21	16	93	51	42.9	17.5	M14	UCP207	P207	UC207	25.7	15.4	13.9	UCP207C	UCP207CD	UCP207FC	UCP207FCD	59	78	1.6	2.3
	56	210	56	160	17	25	19	107	65	48	19	M14	UCP307	P307	UC307	33.4	19.3	13.2	-	-	UCP307C	UCP307CD	-	88	3	3.8
40	49.2	184	54	137	17	21	17	98	57	49.2	19	M14	UCP208	P208	UC208	29.1	17.8	14	UCP208C	UCP208CD	UCP208FC	UCP208FCD	68	86	2	2.8
	60	220	60	170	17	27	19	118	65	52	19	M14	UCP308	P308	UC308	40.7	24	13.2	-	-	UCP308C	UCP308CD	-	96	3.8	4.8
45	54	190	64	146	17	21	17	106	60	49.2	19	M14	UCP209	P209	UC209	32.7	20.3	14	UCP209C	UCP209CD	UCP209FC	UCP209FCD	68	88	2.2	3
	67	245	67	190	20	30	21	132	75	57	22	M16	UCP309	P309	UC309	48.9	29.5	13.3	-	-	UCP309C	UCP309CD	-	102	4.9	6.2
50	57.2	206	60	159	20	22	19	113	63	51.6	19	M16	UCP210	P210	UC210	35.1	23.3	14.4	UCP210C	UCP210CD	UCP210FC	UCP210FCD	73	97	2.9	3.9
	75	275	75	212	20	35	24	148	88	61	22	M16	UCP310	P310	UC310	62	38.3	13.2	-	-	UCP310C	UCP310CD	-	110	6.6	8.2
55	63.5	219	60	171	20	22	19	125	70	55.6	22.2	M16	UCP211	P211	UC211	43.4	29.4	14.4	UCP211C	UCP211CD	UCP211FC	UCP211FCD	75	99	3.6	4.8
	80	310	80	236	20	38	27	158	90	66	25	M16	UCP311	P311	UC311	71.6	45	13.2	-	-	UCP311C	UCP311CD	-	114	7.9	9.7
60	69.8	241	70	184	20	25	22	138	76	65.1	25.4	M16	UCP212	P212	UC212	52.4	36.2	14.4	UCP212C	UCP212CD	UCP212FC	UCP212FCD	88	114	4.9	6.4
	85	330	85	250	25	38	29	167	103	71	26	M20	UCP312	P312	UC312	81.9	52.5	13.2	-	-	UCP312C	UCP312CD	-	124	9.5	11.8

- UCP 축경 65~140mm (창성베어링상사에서 발췌)

필로우형

UCP원동구멍(멈춤나사 부착)

축경 65~140mm

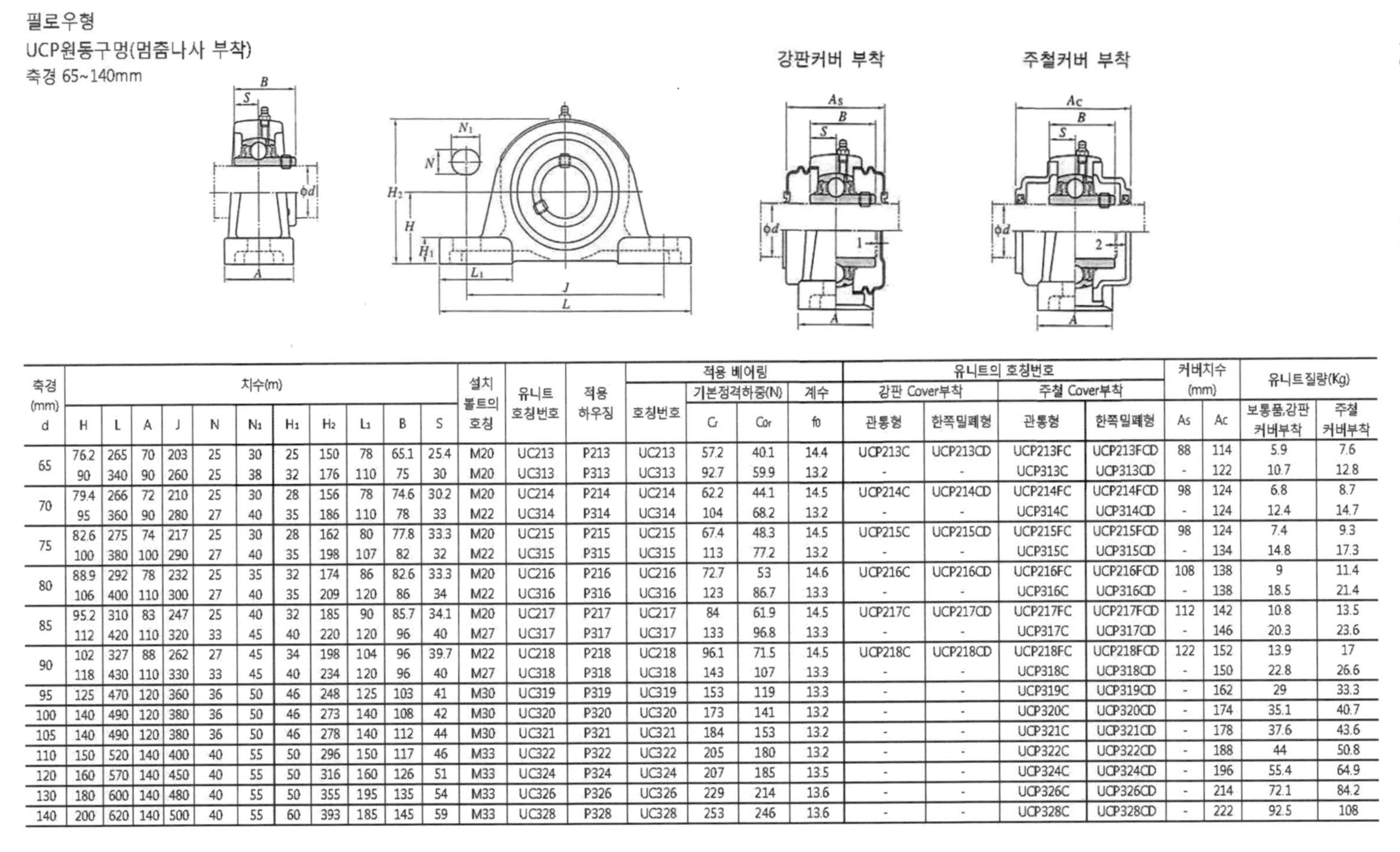

축경 (mm)	치수(m)											설치 볼트의 호칭	유니트 호칭번호	적용 하우징	적용 베어링				유니트의 호칭번호				커버치수 (mm)		유니트질량(Kg)	
															호칭번호	기본정격하중(N)		계수	강판 Cover부착		주철 Cover부착					
d	H	L	A	J	N	N1	H1	H2	L1	B	S					Cr	Cor	f0	관통형	한쪽밀폐형	관통형	한쪽밀폐형	As	Ac	보통품,강판 커버부착	주철 커버부착
65	76.2	265	70	203	25	30	25	150	78	65.1	25.4	M20	UC213	P213	UC213	57.2	40.1	14.4	UCP213C	UCP213CD	UCP213FC	UCP213FCD	88	114	5.9	7.6
	90	340	90	260	25	38	32	176	110	75	30	M20	UC313	P313	UC313	92.7	59.9	13.2	-	-	UCP313C	UCP313CD	-	122	10.7	12.8
70	79.4	266	72	210	25	30	28	156	78	74.6	30.2	M20	UC214	P214	UC214	62.2	44.1	14.5	UCP214C	UCP214CD	UCP214FC	UCP214FCD	98	124	6.8	8.7
	95	360	90	280	27	40	35	186	110	78	33	M22	UC314	P314	UC314	104	68.2	13.2	-	-	UCP314C	UCP314CD	-	124	12.4	14.7
75	82.6	275	74	217	25	30	28	162	80	77.8	33.3	M20	UC215	P215	UC215	67.4	48.3	14.5	UCP215C	UCP215CD	UCP215FC	UCP215FCD	98	124	7.4	9.3
	100	380	100	290	27	40	35	198	107	82	32	M22	UC315	P315	UC315	113	77.2	13.2	-	-	UCP315C	UCP315CD	-	134	14.8	17.3
80	88.9	292	78	232	25	35	32	174	86	82.6	33.3	M20	UC216	P216	UC216	72.7	53	14.6	UCP216C	UCP216CD	UCP216FC	UCP216FCD	108	138	9	11.4
	106	400	110	300	27	40	35	209	120	86	34	M22	UC316	P316	UC316	123	86.7	13.3	-	-	UCP316C	UCP316CD	-	138	18.5	21.4
85	95.2	310	83	247	25	40	32	185	90	85.7	34.1	M20	UC217	P217	UC217	84	61.9	14.5	UCP217C	UCP217CD	UCP217FC	UCP217FCD	112	142	10.8	13.5
	112	420	110	320	33	45	40	220	120	96	40	M27	UC317	P317	UC317	133	96.8	13.3	-	-	UCP317C	UCP317CD	-	146	20.3	23.6
90	102	327	88	262	27	45	34	198	104	96	39.7	M22	UC218	P218	UC218	96.1	71.5	14.5	UCP218C	UCP218CD	UCP218FC	UCP218FCD	122	152	13.9	17
	118	430	110	330	33	45	40	234	120	96	40	M27	UC318	P318	UC318	143	107	13.3	-	-	UCP318C	UCP318CD	-	150	22.8	26.6
95	125	470	120	360	36	50	46	248	125	103	41	M30	UC319	P319	UC319	153	119	13.3	-	-	UCP319C	UCP319CD	-	162	29	33.3
100	140	490	120	380	36	50	46	273	140	108	42	M30	UC320	P320	UC320	173	141	13.2	-	-	UCP320C	UCP320CD	-	174	35.1	40.7
105	140	490	120	380	36	50	46	278	140	112	44	M30	UC321	P321	UC321	184	153	13.2	-	-	UCP321C	UCP321CD	-	178	37.6	43.6
110	150	520	140	400	40	55	50	296	150	117	46	M33	UC322	P322	UC322	205	180	13.2	-	-	UCP322C	UCP322CD	-	188	44	50.8
120	160	570	140	450	40	55	50	316	160	126	51	M33	UC324	P324	UC324	207	185	13.5	-	-	UCP324C	UCP324CD	-	196	55.4	64.9
130	180	600	140	480	40	55	50	355	195	135	54	M33	UC326	P326	UC326	229	214	13.6	-	-	UCP326C	UCP326CD	-	214	72.1	84.2
140	200	620	140	500	40	55	60	393	185	145	59	M33	UC328	P328	UC328	253	246	13.6	-	-	UCP328C	UCP328CD	-	222	92.5	108

- UCF 축경 12~60mm (창성베어링상사에서 발췌)

각 플렌지형
UCF원통구멍(멈춤나사 부착)
축경 12~60mm

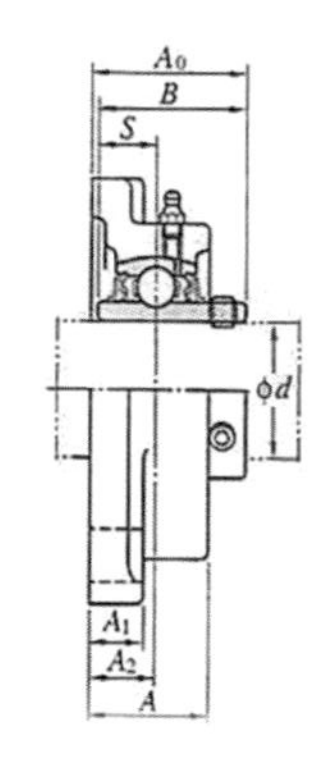

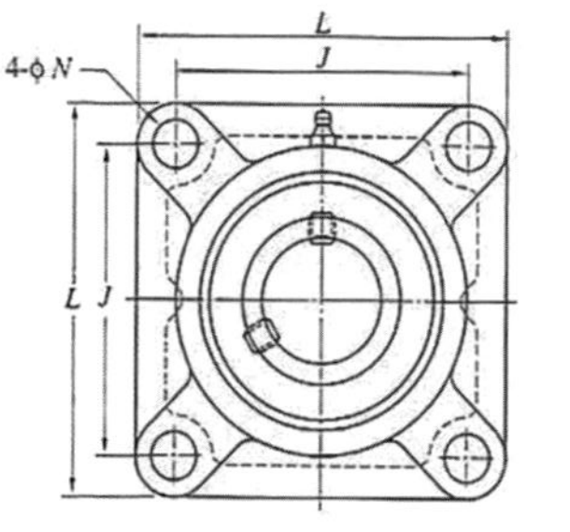

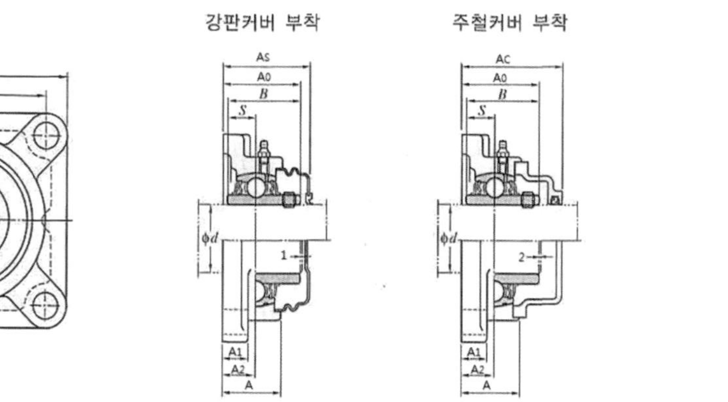

축경 (mm)	치수(m)									설치 볼트의 호칭	유니트 호칭번호	적용 하우징	적용 베어링				유니트의 호칭번호				커버치수 (mm)		유니트질량(Kg)	
													호칭번호	기본정격하중(N)		계수	강판 Cover부착		주철 Cover부착					
d	L	A	J	N	A1	A2	A0	B	S					Cr	Cor	f0	관통형	한쪽밀폐형	관통형	한쪽밀폐형	As	Ac	보통품,강판 커버부착	주철 커버부착
12	86	25.5	64	12	11	15	33.3	31	12.7	M10	UCF201	F204	UC201	12.8	6.65	13.2	UCF201C	UCF201D	-	-	37	-	0.64	-
15	86	25.5	64	12	11	15	33.3	31	12.7	M10	UCF202	F204	UC202	12.8	6.65	13.2	UCF202C	UCF202D	-	-	37	-	0.62	-
17	86	25.5	64	12	11	15	33.3	31	12.7	M10	UCF203	F204	UC203	12.8	6.65	13.2	UCF203C	UCF203D	-	-	37	-	0.61	-
20	86	25.5	64	12	11	15	33.3	31	12.7	M10	UCF204	F204	UC204	12.8	6.65	13.2	UCF204C	UCF204D	UCF204FC	UCF204FD	37	46	0.59	0.74
25	95	27	70	12	13	16	35.8	34.1	14.3	M10	UCF205	F205	UC205	14	7.85	13.9	UCF205C	UCF205D	UCF205FC	UCF205FD	40	49	0.83	1
	110	29	80	16	13	16	39	38	15	M14	UCF305	F305	UC305	21.2	10.9	12.6	-	-	UCF305FC	UCF305FD	-	54	1.3	1.6
30	108	31	83	12	13	18	40.2	38.1	15.9	M10	UCF206	F206	UC206	19.5	11.3	13.9	UCF206C	UCF206D	UCF206FC	UCF206FD	44	53	1.1	1.4
	125	32	95	16	15	18	44	43	17	M14	UCF306	F306	UC306	26.7	15	13.3	-	-	UCF306FC	UCF306FD	-	59	1.9	2.2
35	117	34	92	14	15	19	44.4	42.9	17.5	M12	UCF207	F207	UC207	25.7	15.4	13.9	UCF207C	UCF207D	UCF207FC	UCF207FD	49	58	1.5	1.9
	135	36	100	19	16	20	49	48	19	M16	UCF307	F307	UC307	33.4	19.3	13.2	-	-	UCF307FC	UCF307FD	-	64	2.3	2.7
40	130	36	102	16	15	21	51.2	49.2	19	M14	UCF208	F208	UC208	29.1	17.8	14	UCF208C	UCF208D	UCF208FC	UCF208FD	55	64	1.9	2.3
	150	40	112	19	17	23	56	52	19	M16	UCF308	F308	UC308	40.7	24	13.2	-	-	UCF308FC	UCF308FD	-	71	3.1	3.6
45	137	38	105	16	16	22	52.2	49.2	19	M14	UCF209	F209	UC209	32.7	20.3	14	UCF209C	UCF209D	UCF209FC	UCF209FD	56	66	2.2	2.6
	160	44	125	19	18	25	60	57	22	M16	UCF309	F309	UC309	48.9	29.5	13.3	-	-	UCF309FC	UCF309FD	-	76	4	4.6
50	143	40	111	16	16	22	54.6	51.6	19	M14	UCF210	F210	UC210	35.1	23.3	14.4	UCF210C	UCF210D	UCF210FC	UCF210FD	59	70.5	2.5	3
	175	48	132	23	19	28	67	61	22	M20	UCF310	F310	UC310	62	38.3	13.2	-	-	UCF310FC	UCF310FD	-	83	5.1	5.9
55	162	43	130	19	18	25	58.4	55.6	22.2	M16	UCF211	F211	UC211	43.4	29.4	14.4	UCF211C	UCF211D	UCF211FC	UCF211FD	63	74.5	3.4	4
	185	52	140	23	20	30	71	66	25	M20	UCF311	F311	UC311	71.6	45	13.2	-	-	UCF311FC	UCF311FD	-	87	5.6	6.5
60	175	48	143	19	18	29	68.7	65.1	25.4	M16	UCF212	F212	UC212	52.4	36.2	14.4	UCF212C	UCF212D	UCF212FC	UCF212FD	73	86	4.2	5
	195	56	150	23	22	33	78	71	26	M20	UCF312	F312	UC312	81.9	52.2	13.2	-	-	UCF312FC	UCF312FD	-	95	6.9	8.1

- UCF 축경 65~140mm (창성베어링상사에서 발췌)

각 플렌지형

UCF원통구멍(멈춤나사 부착)
축경 65~140mm

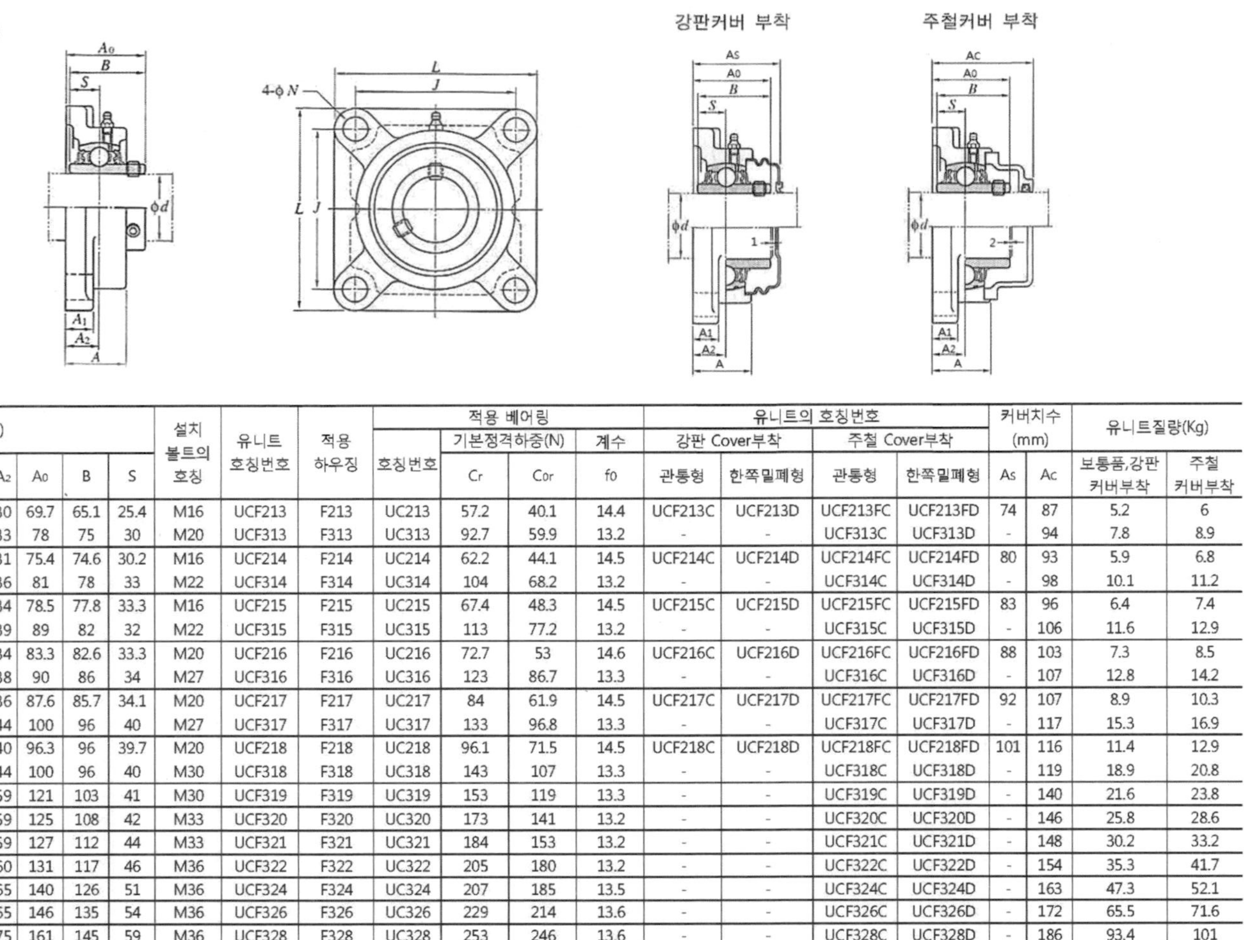

축경 (mm)	치수(m)									설치 볼트의 호칭	유니트 호칭번호	적용 하우징	적용 베어링				유니트의 호칭번호				커버치수 (mm)		유니트질량(Kg)	
													호칭번호	기본정격하중(N)		계수	강판 Cover부착		주철 Cover부착					
d	L	A	J	N	A_1	A_2	A_0	B	S					C_r	C_{0r}	f_0	관통형	한쪽밀폐형	관통형	한쪽밀폐형	As	Ac	보통품,강판 커버부착	주철 커버부착
65	187	50	149	19	22	30	69.7	65.1	25.4	M16	UCF213	F213	UC213	57.2	40.1	14.4	UCF213C	UCF213D	UCF213FC	UCF213FD	74	87	5.2	6
	208	58	166	23	22	33	78	75	30	M20	UCF313	F313	UC313	92.7	59.9	13.2	-	-	UCF313C	UCF313D	-	94	7.8	8.9
70	193	54	152	19	22	31	75.4	74.6	30.2	M16	UCF214	F214	UC214	62.2	44.1	14.5	UCF214C	UCF214D	UCF214FC	UCF214FD	80	93	5.9	6.8
	226	61	178	25	25	36	81	78	33	M22	UCF314	F314	UC314	104	68.2	13.2	-	-	UCF314C	UCF314D	-	98	10.1	11.2
75	200	56	159	19	22	34	78.5	77.8	33.3	M16	UCF215	F215	UC215	67.4	48.3	14.5	UCF215C	UCF215D	UCF215FC	UCF215FD	83	96	6.4	7.4
	236	66	184	25	25	39	89	82	32	M22	UCF315	F315	UC315	113	77.2	13.2	-	-	UCF315C	UCF315D	-	106	11.6	12.9
80	208	58	165	23	22	34	83.3	82.6	33.3	M20	UCF216	F216	UC216	72.7	53	14.6	UCF216C	UCF216D	UCF216FC	UCF216FD	88	103	7.3	8.5
	250	68	196	31	27	38	90	86	34	M27	UCF316	F316	UC316	123	86.7	13.3	-	-	UCF316C	UCF316D	-	107	12.8	14.2
85	220	63	175	23	24	36	87.6	85.7	34.1	M20	UCF217	F217	UC217	84	61.9	14.5	UCF217C	UCF217D	UCF217FC	UCF217FD	92	107	8.9	10.3
	260	74	204	31	27	44	100	96	40	M27	UCF317	F317	UC317	133	96.8	13.3	-	-	UCF317C	UCF317D	-	117	15.3	16.9
90	235	68	187	23	25	40	96.3	96	39.7	M20	UCF218	F218	UC218	96.1	71.5	14.5	UCF218C	UCF218D	UCF218FC	UCF218FD	101	116	11.4	12.9
	280	76	216	35	30	44	100	96	40	M30	UCF318	F318	UC318	143	107	13.3	-	-	UCF318C	UCF318D	-	119	18.9	20.8
95	290	94	228	35	30	59	121	103	41	M30	UCF319	F319	UC319	153	119	13.3	-	-	UCF319C	UCF319D	-	140	21.6	23.8
100	310	94	242	38	32	59	125	108	42	M33	UCF320	F320	UC320	173	141	13.2	-	-	UCF320C	UCF320D	-	146	25.8	28.6
105	310	94	242	38	32	59	127	112	44	M33	UCF321	F321	UC321	184	153	13.2	-	-	UCF321C	UCF321D	-	148	30.2	33.2
110	340	96	266	41	35	60	131	117	46	M36	UCF322	F322	UC322	205	180	13.2	-	-	UCF322C	UCF322D	-	154	35.3	41.7
120	370	110	290	41	40	65	140	126	51	M36	UCF324	F324	UC324	207	185	13.5	-	-	UCF324C	UCF324D	-	163	47.3	52.1
130	410	115	320	41	45	65	146	135	54	M36	UCF326	F326	UC326	229	214	13.6	-	-	UCF326C	UCF326D	-	172	65.5	71.6
140	450	125	350	41	55	75	161	145	59	M36	UCF328	F328	UC328	253	246	13.6	-	-	UCF328C	UCF328D	-	186	93.4	101

- SN 축경 20~40mm (창성베어링상사에서 발췌)

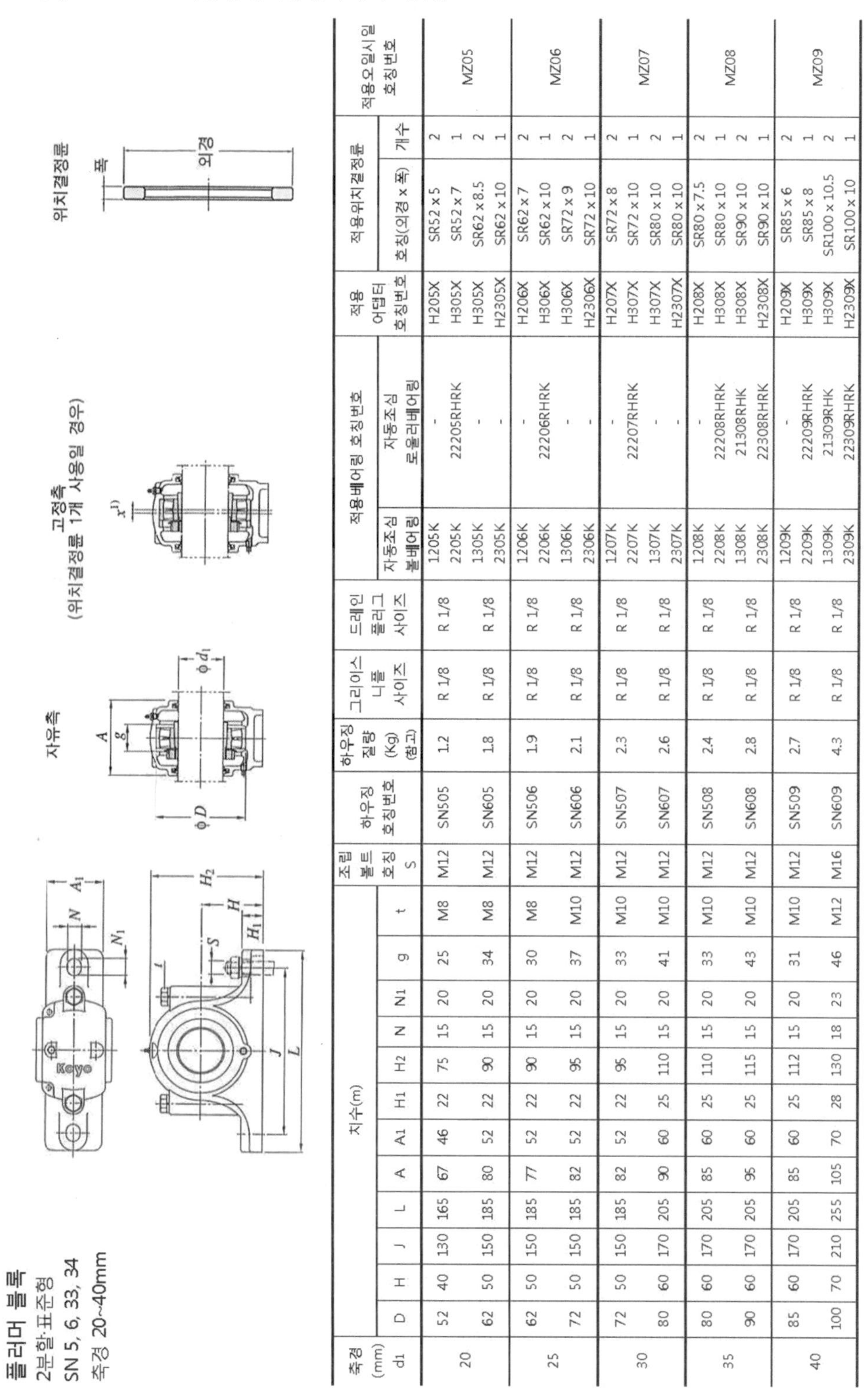

플러머 블록
2분할·표준형
SN 5, 6, 33, 34
축경 20~40mm

축경 (mm)	치수(m)												조립볼트	하우징	하우징 질량	그리이스 니플	드레인 플러그	적용베어링 호칭번호		적용 어댑터	적용위치결정륜		적용오일시일
d1	D	H	J	L	A	A1	H1	H2	N	N1	g	t	호칭 S	호칭번호	(Kg) (참고)	사이즈	사이즈	자동조심 볼베어링	자동조심 로울러베어링	호칭번호	호칭(외경 x 폭)	개수	호칭번호
20	52	40	130	165	67	46	22	75	15	20	25	M8	M12	SN505	1.2	R 1/8	R 1/8	1205K	-	H205X	SR52 x 5	2	MZ05
																		2205K	22205RHRK	H305X	SR52 x 7	1	
	62	50	150	185	80	52	22	90	15	20	34	M8	M12	SN605	1.8	R 1/8	R 1/8	1305K	-	H305X	SR62 x 8.5	2	
																		2305K	-	H2305X	SR62 x 10	1	
25	62	50	150	185	77	52	22	90	15	20	30	M8	M12	SN506	1.9	R 1/8	R 1/8	1206K	-	H206X	SR62 x 7	2	MZ06
																		2206K	22206RHRK	H306X	SR62 x 10	1	
	72	50	150	185	82	52	22	95	15	20	37	M10	M12	SN606	2.1	R 1/8	R 1/8	1306K	-	H306X	SR72 x 9	2	
																		2306K	-	H2306X	SR72 x 10	1	
30	72	50	150	185	82	52	22	95	15	20	33	M10	M12	SN507	2.3	R 1/8	R 1/8	1207K	-	H207X	SR72 x 8	2	MZ07
																		2207K	22207RHRK	H307X	SR72 x 10	1	
	80	60	170	205	90	60	25	110	15	20	41	M10	M12	SN607	2.6	R 1/8	R 1/8	1307K	-	H307X	SR80 x 10	2	
																		2307K	-	H2307X	SR80 x 10	1	
35	80	60	170	205	85	60	25	110	15	20	33	M10	M12	SN508	2.4	R 1/8	R 1/8	1208K	-	H208X	SR80 x 7.5	2	MZ08
																		2208K	22208RHRK	H308X	SR80 x 10	1	
	90	60	170	205	95	60	25	115	15	20	43	M10	M12	SN608	2.8	R 1/8	R 1/8	1308K	21308RHK	H308X	SR90 x 10	2	
																		2308K	22308RHRK	H2308X	SR90 x 10	1	
40	85	60	170	205	85	60	25	112	15	20	31	M10	M12	SN509	2.7	R 1/8	R 1/8	1209K	-	H209X	SR85 x 6	2	MZ09
																		2209K	22209RHRK	H309X	SR85 x 8	1	
	100	70	210	255	105	70	28	130	18	23	46	M12	M16	SN609	4.3	R 1/8	R 1/8	1309K	21309RHK	H309X	SR100 x 10.5	2	
																		2309K	22309RHRK	H2309X	SR100 x 10	1	

- SN 축경 45~65mm (창성베어링상사에서 발췌)

플러머 블록
2분할·표준형
SN 5, 6, 33, 34
축경 45~65mm

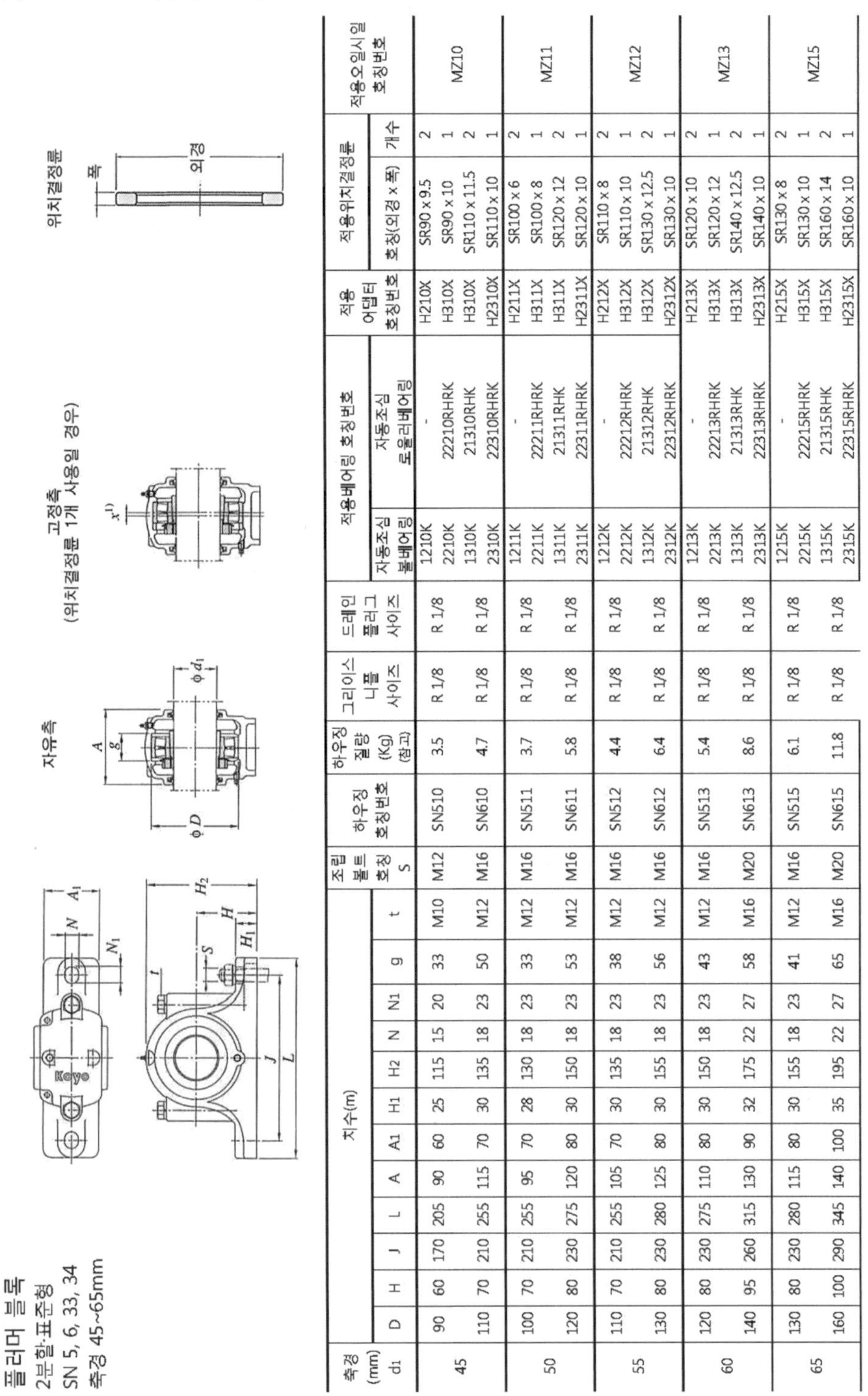

축경 (mm) d1	치수(m)												조립 볼트 호칭 S	하우징 호칭번호	하우징 질량 (Kg) (참고)	그리이스 니플 사이즈	드레인 플러그 사이즈	적용베어링 호칭번호		적용 어댑터 호칭번호	적용위치결정륜		적용오일시일 호칭번호
	D	H	J	L	A	A1	H1	H2	N	N1	g	t						자동조심 볼베어링	자동조심 로울러베어링		호칭(외경 x 폭)	개수	
45	90	60	170	205	90	60	25	115	15	20	33	M10	M12	SN510	3.5	R 1/8	R 1/8	1210K	-	H210X	SR90 x 9.5	2	MZ10
																		2210K	22210RHRK	H310X	SR90 x 10	1	
	110	70	210	255	115	70	30	135	18	23	50	M12	M16	SN610	4.7	R 1/8	R 1/8	1310K	21310RHK	H310X	SR110 x 11.5	2	
																		2310K	22310RHRK	H2310X	SR110 x 10	1	
50	100	70	210	255	95	70	28	130	18	23	33	M12	M16	SN511	3.7	R 1/8	R 1/8	1211K	-	H211X	SR100 x 6	2	MZ11
																		2211K	22211RHRK	H311X	SR100 x 8	1	
	120	80	230	275	120	80	30	150	18	23	53	M12	M16	SN611	5.8	R 1/8	R 1/8	1311K	21311RHK	H311X	SR120 x 12	2	
																		2311K	22311RHRK	H2311X	SR120 x 10	1	
55	110	70	210	255	105	70	30	135	18	23	38	M12	M16	SN512	4.4	R 1/8	R 1/8	1212K	-	H212X	SR110 x 8	2	MZ12
																		2212K	22212RHRK	H312X	SR110 x 10	1	
	130	80	230	280	125	80	30	155	18	23	56	M12	M16	SN612	6.4	R 1/8	R 1/8	1312K	21312RHK	H312X	SR130 x 12.5	2	
																		2312K	22312RHRK	H2312X	SR130 x 10	1	
60	120	80	230	275	110	80	30	150	18	23	43	M12	M16	SN513	5.4	R 1/8	R 1/8	1213K	-	H213X	SR120 x 10	2	MZ13
																		2213K	22213RHRK	H313X	SR120 x 12	1	
	140	95	260	315	130	90	32	175	22	27	58	M16	M20	SN613	8.6	R 1/8	R 1/8	1313K	21313RHK	H313X	SR140 x 12.5	2	
																		2313K	22313RHRK	H2313X	SR140 x 10	1	
65	130	80	230	280	115	80	30	155	18	23	41	M12	M16	SN515	6.1	R 1/8	R 1/8	1215K	-	H215X	SR130 x 8	2	MZ15
																		2215K	22215RHRK	H315X	SR130 x 10	1	
	160	100	290	345	140	100	35	195	22	27	65	M16	M20	SN615	11.8	R 1/8	R 1/8	1315K	21315RHK	H315X	SR160 x 14	2	
																		2315K	22315RHRK	H2315X	SR160 x 10	1	

- SN 축경 70~90mm (창성베어링상사에서 발췌)

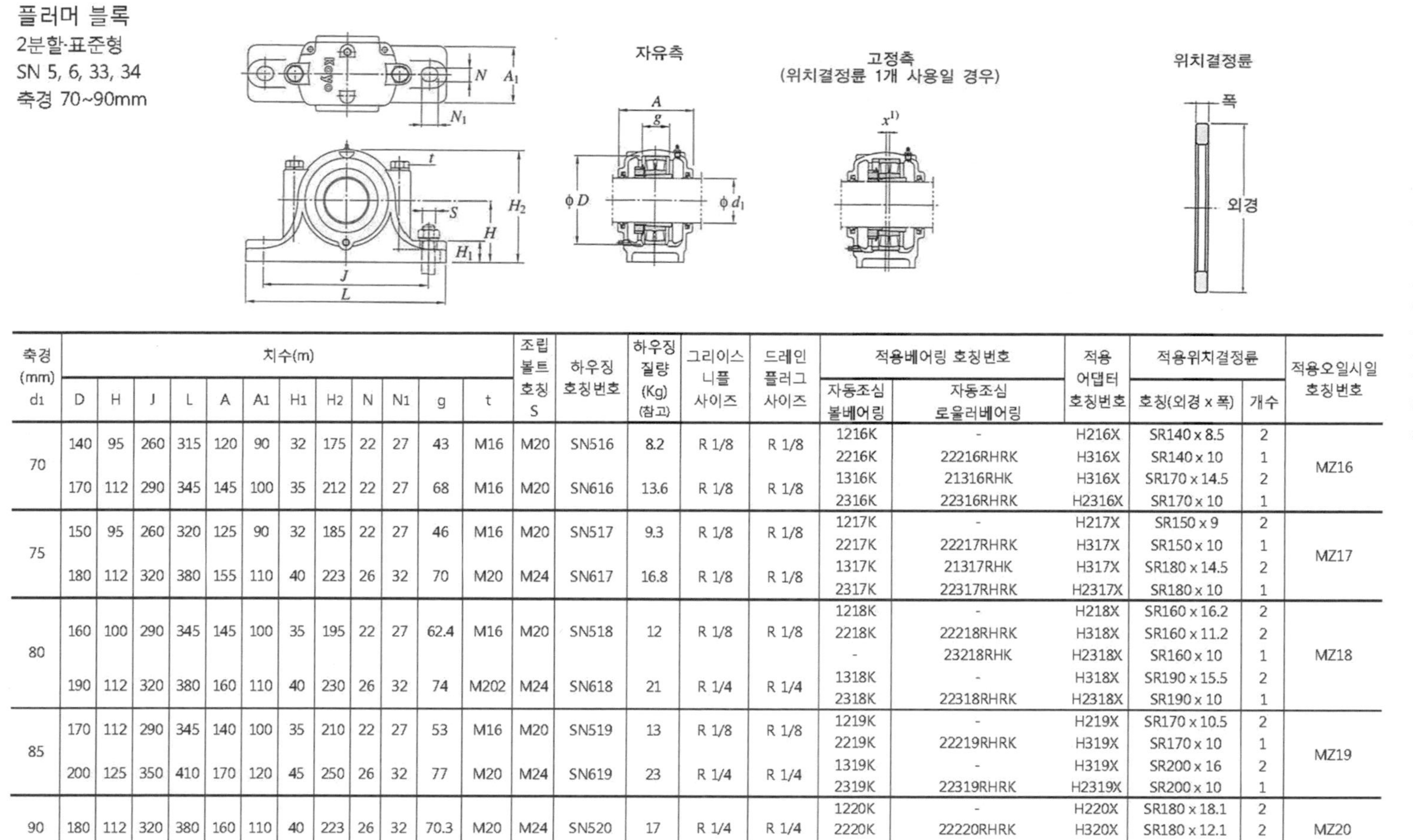

축경 (mm)	치수(m)												조립 볼트 호칭	하우징 호칭번호	하우징 질량 (Kg) (참고)	그리이스 니플 사이즈	드레인 플러그 사이즈	적용베어링 호칭번호		적용 어댑터 호칭번호	적용위치결정륜		적용오일시일 호칭번호
d1	D	H	J	L	A	A1	H1	H2	N	N1	g	t	S					자동조심 볼베어링	자동조심 로울러베어링		호칭(외경 x 폭)	개수	
70	140	95	260	315	120	90	32	175	22	27	43	M16	M20	SN516	8.2	R 1/8	R 1/8	1216K	-	H216X	SR140 x 8.5	2	MZ16
																		2216K	22216RHRK	H316X	SR140 x 10	1	
	170	112	290	345	145	100	35	212	22	27	68	M16	M20	SN616	13.6	R 1/8	R 1/8	1316K	21316RHK	H316X	SR170 x 14.5	2	
																		2316K	22316RHRK	H2316X	SR170 x 10	1	
75	150	95	260	320	125	90	32	185	22	27	46	M16	M20	SN517	9.3	R 1/8	R 1/8	1217K	-	H217X	SR150 x 9	2	MZ17
																		2217K	22217RHRK	H317X	SR150 x 10	1	
	180	112	320	380	155	110	40	223	26	32	70	M20	M24	SN617	16.8	R 1/8	R 1/8	1317K	21317RHK	H317X	SR180 x 14.5	2	
																		2317K	22317RHRK	H2317X	SR180 x 10	1	
80	160	100	290	345	145	100	35	195	22	27	62.4	M16	M20	SN518	12	R 1/8	R 1/8	1218K	-	H218X	SR160 x 16.2	2	MZ18
																		2218K	22218RHRK	H318X	SR160 x 11.2	2	
																		-	23218RHK	H2318X	SR160 x 10	1	
	190	112	320	380	160	110	40	230	26	32	74	M202	M24	SN618	21	R 1/4	R 1/4	1318K	-	H318X	SR190 x 15.5	2	
																		2318K	22318RHRK	H2318X	SR190 x 10	1	
85	170	112	290	345	140	100	35	210	22	27	53	M16	M20	SN519	13	R 1/8	R 1/8	1219K	-	H219X	SR170 x 10.5	2	MZ19
																		2219K	22219RHRK	H319X	SR170 x 10	1	
	200	125	350	410	170	120	45	250	26	32	77	M20	M24	SN619	23	R 1/4	R 1/4	1319K	-	H319X	SR200 x 16	2	
																		2319K	22319RHRK	H2319X	SR200 x 10	1	
90	180	112	320	380	160	110	40	223	26	32	70.3	M20	M24	SN520	17	R 1/4	R 1/4	1220K	-	H220X	SR180 x 18.1	2	MZ20
																		2220K	22220RHRK	H320X	SR180 x 12.1	2	
																		-	23220RHK	H2320X	SR180 x 10	1	

- SN 축경 90~125mm (창성베어링상사에서 발췌)

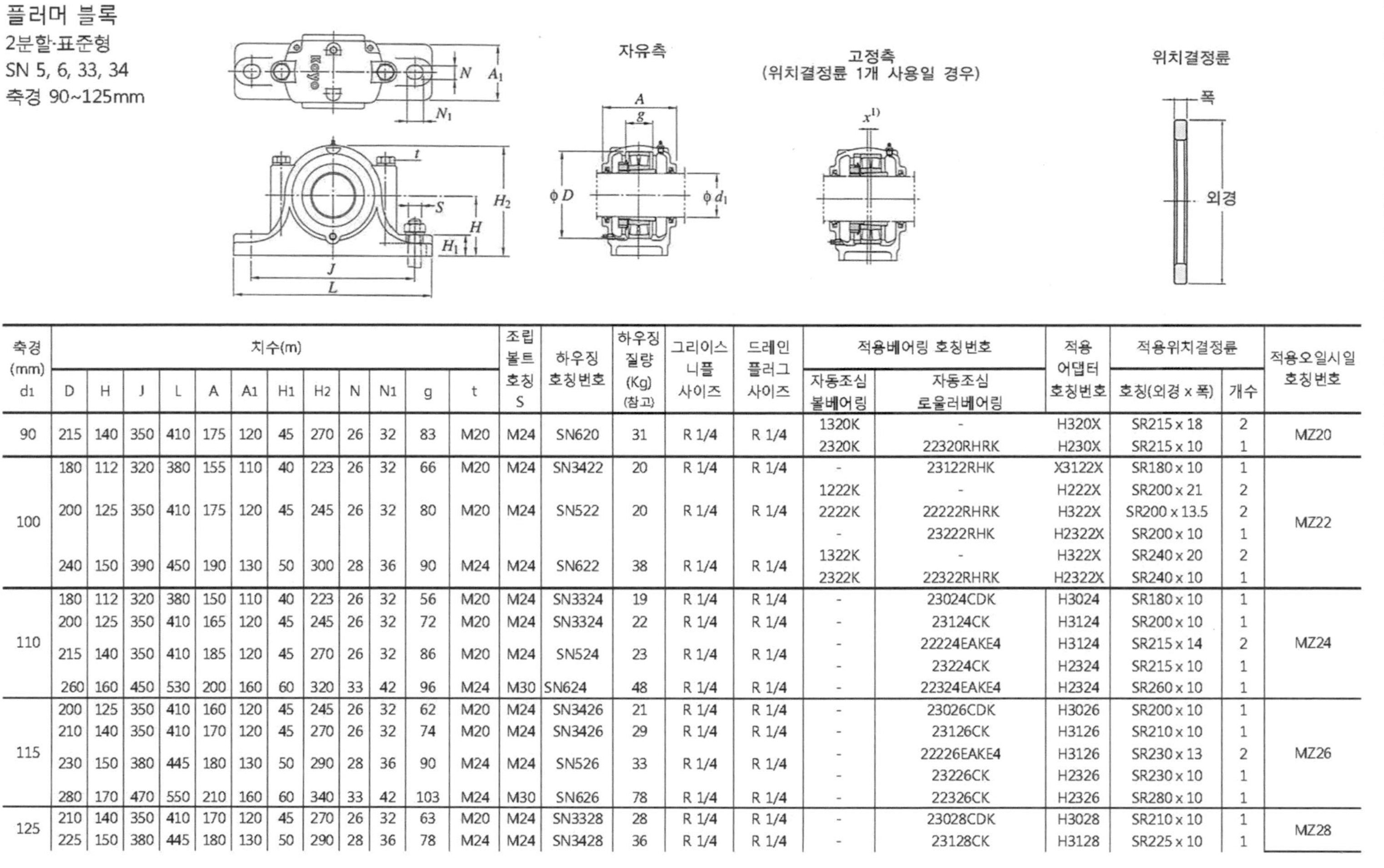

축경 (mm) d1	치수(m) D	H	J	L	A	A1	H1	H2	N	N1	g	t	조립볼트 호칭 S	하우징 호칭번호	하우징 질량 (Kg) (참고)	그리이스 니플 사이즈	드레인 플러그 사이즈	적용베어링 호칭번호: 자동조심 볼베어링	적용베어링 호칭번호: 자동조심 로울러베어링	적용 어댑터 호칭번호	적용위치결정륜: 호칭(외경 x 폭)	적용위치결정륜: 개수	적용오일시일 호칭번호
90	215	140	350	410	175	120	45	270	26	32	83	M20	M24	SN620	31	R 1/4	R 1/4	1320K	-	H320X	SR215 x 18	2	MZ20
																		2320K	22320RHRK	H230X	SR215 x 10	1	
100	180	112	320	380	155	110	40	223	26	32	66	M20	M24	SN3422	20	R 1/4	R 1/4	-	23122RHK	X3122X	SR180 x 10	1	MZ22
	200	125	350	410	175	120	45	245	26	32	80	M20	M24	SN522	20	R 1/4	R 1/4	1222K	-	H222X	SR200 x 21	2	
																		2222K	22222RHRK	H322X	SR200 x 13.5	2	
																		-	23222RHK	H2322X	SR200 x 10	1	
	240	150	390	450	190	130	50	300	28	36	90	M24	M24	SN622	38	R 1/4	R 1/4	1322K	-	H322X	SR240 x 20	2	
																		2322K	22322RHRK	H2322X	SR240 x 10	1	
110	180	112	320	380	150	110	40	223	26	32	56	M20	M24	SN3324	19	R 1/4	R 1/4	-	23024CDK	H3024	SR180 x 10	1	MZ24
	200	125	350	410	165	120	45	245	26	32	72	M20	M24	SN3324	22	R 1/4	R 1/4	-	23124CK	H3124	SR200 x 10	1	
	215	140	350	410	185	120	45	270	26	32	86	M20	M24	SN524	23	R 1/4	R 1/4	-	22224EAKE4	H3124	SR215 x 14	2	
																		-	23224CK	H2324	SR215 x 10	1	
	260	160	450	530	200	160	60	320	33	42	96	M24	M30	SN624	48	R 1/4	R 1/4	-	22324EAKE4	H2324	SR260 x 10	1	
115	200	125	350	410	160	120	45	245	26	32	62	M20	M24	SN3426	21	R 1/4	R 1/4	-	23026CDK	H3026	SR200 x 10	1	MZ26
	210	140	350	410	170	120	45	270	26	32	74	M20	M24	SN3426	29	R 1/4	R 1/4	-	23126CK	H3126	SR210 x 10	1	
	230	150	380	445	180	130	50	290	28	36	90	M24	M24	SN526	33	R 1/4	R 1/4	-	22226EAKE4	H3126	SR230 x 13	2	
																		-	23226CK	H2326	SR230 x 10	1	
	280	170	470	550	210	160	60	340	33	42	103	M24	M30	SN626	78	R 1/4	R 1/4	-	22326CK	H2326	SR280 x 10	1	
125	210	140	350	410	170	120	45	270	26	32	63	M20	M24	SN3328	28	R 1/4	R 1/4	-	23028CDK	H3028	SR210 x 10	1	MZ28
	225	150	380	445	180	130	50	290	28	36	78	M24	M24	SN3428	36	R 1/4	R 1/4	-	23128CK	H3128	SR225 x 10	1	

- SN 축경 125~170mm (창성베어링상사에서 발췌)

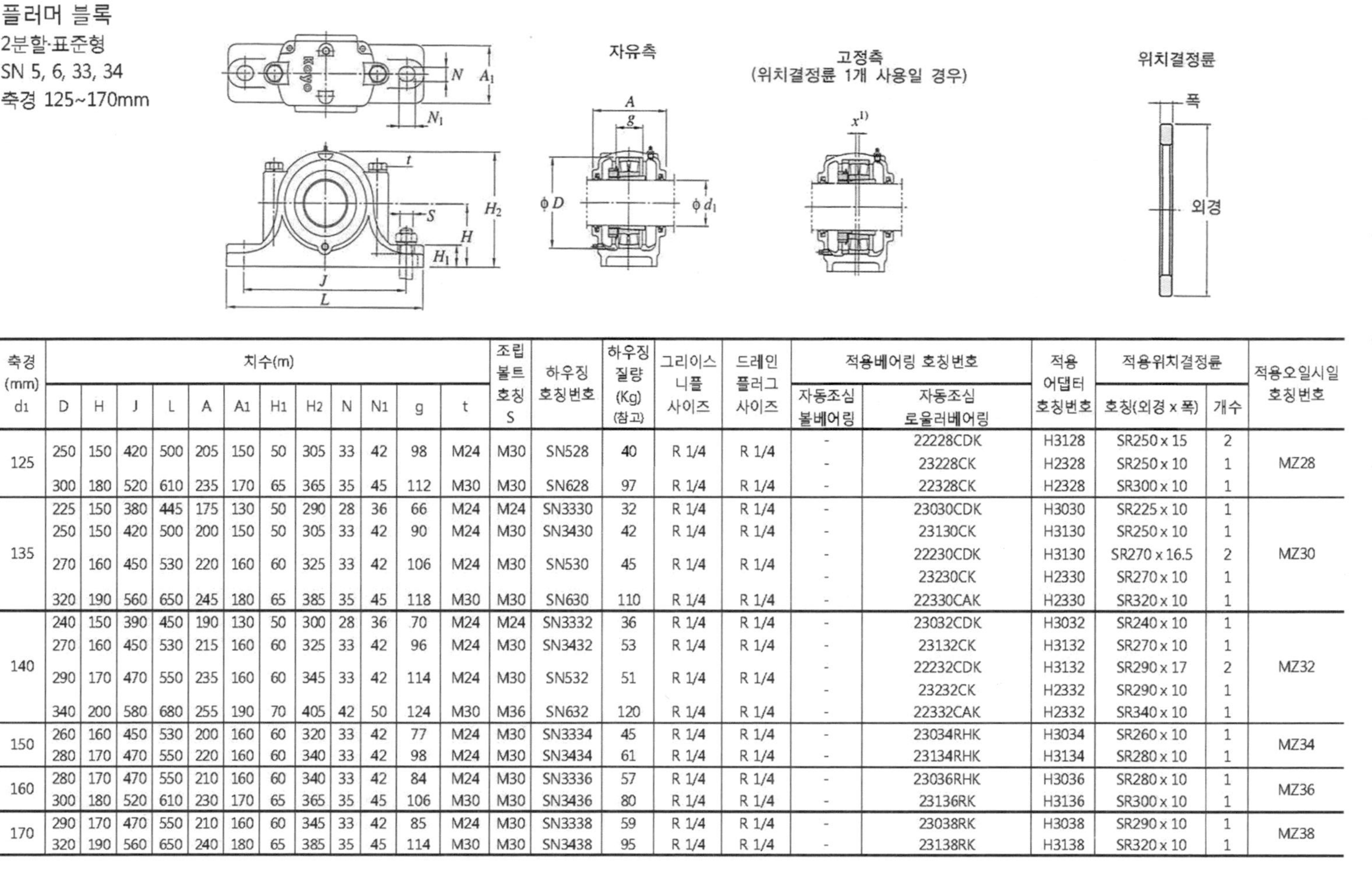

축경 (mm) d1	치수(m) D	H	J	L	A	A1	H1	H2	N	N1	g	t	조립 볼트 호칭 S	하우징 호칭번호	하우징 질량 (Kg) (참고)	그리이스 니플 사이즈	드레인 플러그 사이즈	적용베어링 호칭번호: 자동조심 볼베어링	적용베어링 호칭번호: 자동조심 로울러베어링	적용 어댑터 호칭번호	적용위치결정륜: 호칭(외경 x 폭)	적용위치결정륜: 개수	적용오일시일 호칭번호
125	250	150	420	500	205	150	50	305	33	42	98	M24	M30	SN528	40	R 1/4	R 1/4	-	22228CDK	H3128	SR250 x 15	2	MZ28
																		-	23228CK	H2328	SR250 x 10	1	
	300	180	520	610	235	170	65	365	35	45	112	M30	M30	SN628	97	R 1/4	R 1/4	-	22328CK	H2328	SR300 x 10	1	
135	225	150	380	445	175	130	50	290	28	36	66	M24	M24	SN3330	32	R 1/4	R 1/4	-	23030CDK	H3030	SR225 x 10	1	MZ30
	250	150	420	500	200	150	50	305	33	42	90	M24	M30	SN3430	42	R 1/4	R 1/4	-	23130CK	H3130	SR250 x 10	1	
	270	160	450	530	220	160	60	325	33	42	106	M24	M30	SN530	45	R 1/4	R 1/4	-	22230CDK	H3130	SR270 x 16.5	2	
																		-	23230CK	H2330	SR270 x 10	1	
	320	190	560	650	245	180	65	385	35	45	118	M30	M30	SN630	110	R 1/4	R 1/4	-	22330CAK	H2330	SR320 x 10	1	
140	240	150	390	450	190	130	50	300	28	36	70	M24	M24	SN3332	36	R 1/4	R 1/4	-	23032CDK	H3032	SR240 x 10	1	MZ32
	270	160	450	530	215	160	60	325	33	42	96	M24	M30	SN3432	53	R 1/4	R 1/4	-	23132CK	H3132	SR270 x 10	1	
	290	170	470	550	235	160	60	345	33	42	114	M24	M30	SN532	51	R 1/4	R 1/4	-	22232CDK	H3132	SR290 x 17	2	
																		-	23232CK	H2332	SR290 x 10	1	
	340	200	580	680	255	190	70	405	42	50	124	M30	M36	SN632	120	R 1/4	R 1/4	-	22332CAK	H2332	SR340 x 10	1	
150	260	160	450	530	200	160	60	320	33	42	77	M24	M30	SN3334	45	R 1/4	R 1/4	-	23034RHK	H3034	SR260 x 10	1	MZ34
	280	170	470	550	220	160	60	340	33	42	98	M24	M30	SN3434	61	R 1/4	R 1/4	-	23134RHK	H3134	SR280 x 10	1	
160	280	170	470	550	210	160	60	340	33	42	84	M24	M30	SN3336	57	R 1/4	R 1/4	-	23036RHK	H3036	SR280 x 10	1	MZ36
	300	180	520	610	230	170	65	365	35	45	106	M30	M30	SN3436	80	R 1/4	R 1/4	-	23136RK	H3136	SR300 x 10	1	
170	290	170	470	550	210	160	60	345	33	42	85	M24	M30	SN3338	59	R 1/4	R 1/4	-	23038RK	H3038	SR290 x 10	1	MZ38
	320	190	560	650	240	180	65	385	35	45	114	M30	M30	SN3438	95	R 1/4	R 1/4	-	23138RK	H3138	SR320 x 10	1	

* **UCP**: UC Bearing Housing에는 측면에 방진용 Cover를 장착할 수 있는데 호칭방법은 다음과 같다.

특히 Dust Handling 시 Bearing에 분진이 유입될 수 있는데 이런 곳에 Cover를 장착하면 매우 효과적이다.
Cover 내경은 Bearing 내경과 같으므로 설계 시 Cover를 재가공 지시하거나 Cover 부착 시 Bearing 위치를 변경할 필요가 있다.

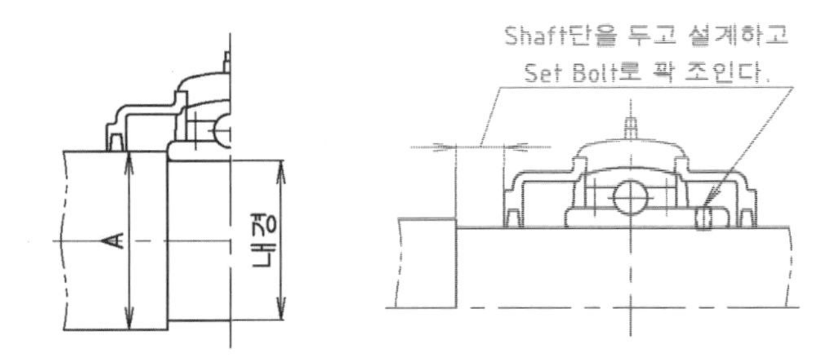

* **UCF**: 열팽창이 있는 부에는 Set Bolt를 제거할 필요가 있으며, 이는 설계 DWG상 명시되어야 하며, Motor가 있는 Drive Part에는 Set Bolt가 필히 체결되고, None Drive Part에만 제거한다.

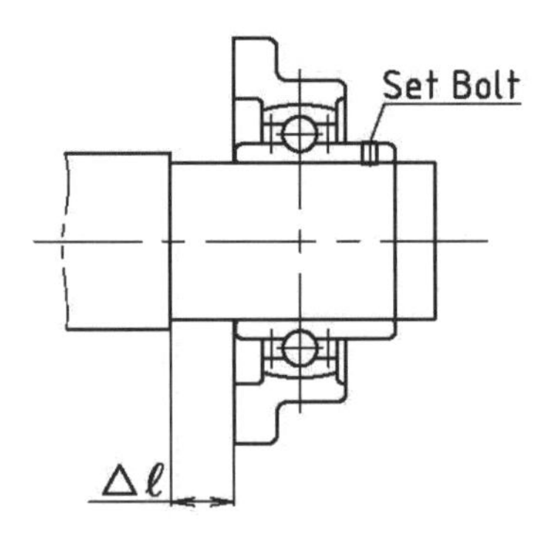

- SN

* SN, Bearing에는 위치 고정 Ring이 있다.
  Motor쪽, Driving Part에는 고정 Ring을 삽입시켜 Fixed Part로 하고 None Drive Part에는 위치고정 ring을 삽입시키지 않아 Free로 할 필요가 있다. Screw Shaft등의 제작 시 구조변형이 발생하는데 None Drive 쪽이 Free이면 Vibration이 발생하지 않고 부드럽게 Vibration을 흡수할 수 있기 때문이다. 또한 어느 정도의 길이 변위를 흡수할 수 있다.

* SN Bearing Housing에는 "Ball","Roller" Bearing을 사용할 수 있으나, Screw Conveyor는 "Ball" Bearing을 사용한다.
* SN-Bearing Housing Style은 일반형과 SNF 2가지 Model이 있으며, SNF는 Bearing Bed부가 주물살로 차여 있는 Model이며, Hole 숫자(Bed와의 Base 간)가 1~2개씩이 있으며 일반적으로는 2EA가 표준이다.
* "SN" Block Bearing Housing을 사용하고 고온의 물질을 Handling 한다면 SN Block 내 Bearing을 Sprocket쪽은 Adapter를 사용하여 확실히 Fix 시키거나 혹은 Adapter가 없는 Bearing을 사용한다. 반대 측은 Adapter를 사용하여 고정시킨다(Gap을 둔다). Plummer Block은 Free Type을 사용하고 내부위치 결정Ring은 삽입시키지 않는다. Ring의 두께만큼 Sliding이 가능하도록 설계한다.

8) In, Outlet Chute

- In, Outlet Chute는 사각, 원형으로 제작되나, 일반적으로는 사각이 보편적이다. chute의 두께는 3.2t에서 6t, 9t 등으로 제작되나, inlet部 size가 크면 6t 이상, size가 작으면 6t 이하로 설계된다.

In, Out Size	400×400 이하	400×400 이상	Remarks(기타)
Thickness	6t 이하	6t 이상	9~12mm

- In, Outlet chute의 개수는 전체 Plant에 의해 좌우되나 몇 가지 주의 사항이 있다.

* Screw Conveyor Charge 및 Discharge Port.

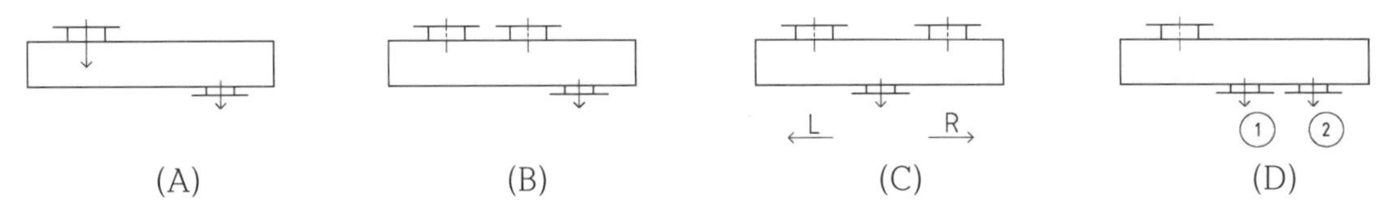

"C" 경우 L방향과 R방향의 SCREW 감김 방향이 반대임에 주의
"D" 경우 1, 2 port에 적절한 blind 처리

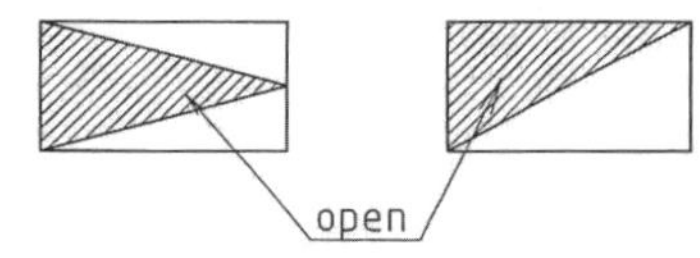

"A" 경우가 일반적이다. 투입구 1개, 배출구 1개
"B" 경우는 투입구는 다수이고 배출구는 1개의 경우이다.

- 투입구

현장에서 上部 기계와 설치 시 Bolt Hole이 맞지 않는다.(제작공차 및 설치공차가 ±2mm 이상이라서) 그래서 Inlet Chute는 설치 현장에서 Joint 후 확정 용접하는 것이 바람직하다.

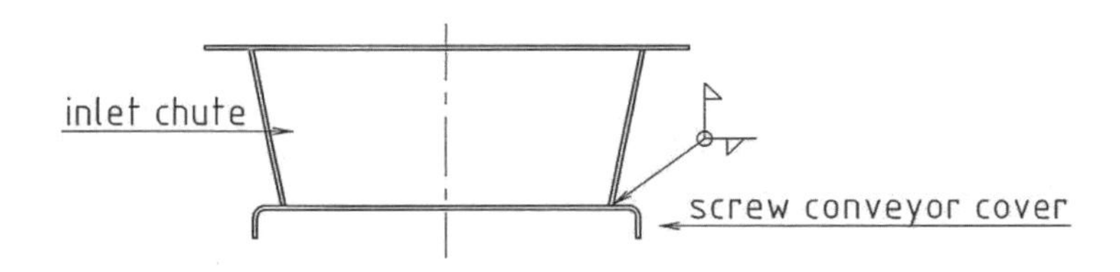

- Inlet Chute가 경사지게 설계가 될 때 주의사항.

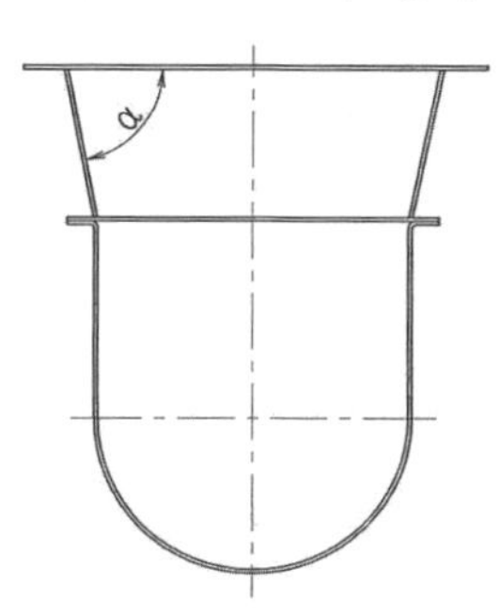

* α값이 최소 45° 이상이나 다음 표를 참조한다.

Fly Ash	Sand	Limeston	집진된 Dust
70°	60° 이상	65° 이상	70° 이상

- Screw Conveyor에서 변형된 Pug Mill과 같은 혼합기에서는 투입구가 경사지게 설치하는 것보다 직선 혹은 역으로 경사지게 설치하는 것이 바람직하다.

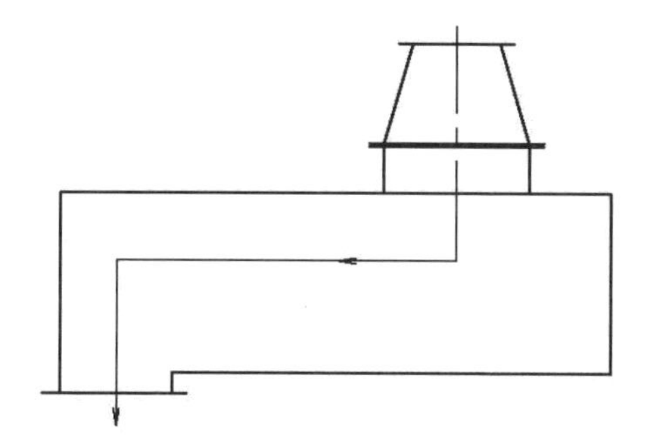

- 만일 Fly Ash나 Limestone, Dust 등을 Conveying 하여 Water Bath Type Conveyor 혹은 Tank에 투입 시 Dust 등이 Water 위에서 가라앉지 않고 부유하는 현상이 발생될 수 있다. 이런 경우를 대비해서 다음과 같이 설계하면 매우 효과적이다.

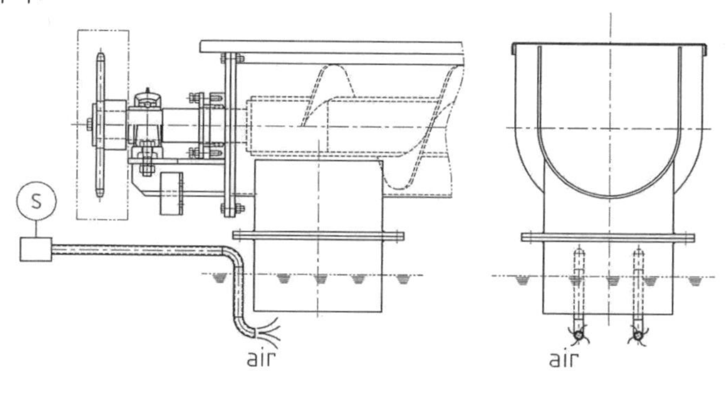

Air를 주기적(1분에 3~4초)으로 물속에서 Chute 주변에 Pulse 한다.
그러면 Water가 움직이면서 침전이 되고 배출이 용이하게 된다.

9) Support Structure

- Support는 일반적으로 Channel 등 형강류로 제작하고 Base는 Steel Plate로 제작한다.

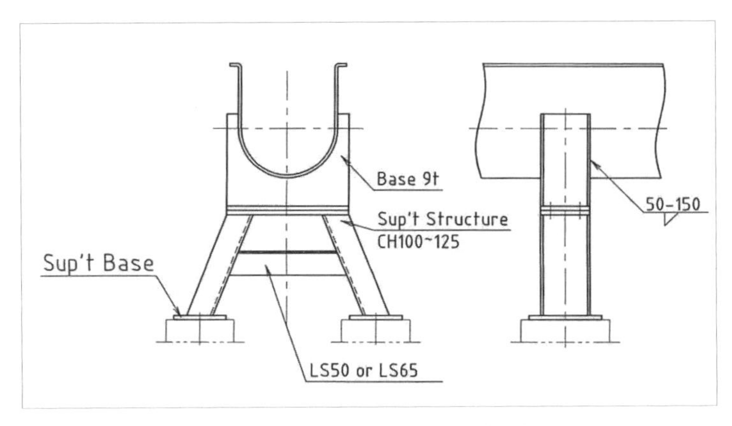

일반형(온도 조건이 상온)

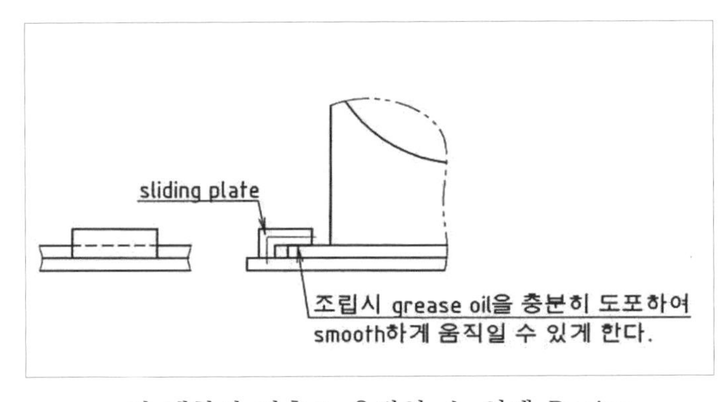

열 팽창시 전후로 움직일 수 있게 Design

- Support의 Base Plate는 설치 현장에서 설치 Anchor Bolt와 연결된다. 현장 설치 Anchor Box는 제작, 설치 공차가 매우 크므로 제작된 Base Bolt Hole과 정확히 일치하기란 매우 힘들다. 그러므로 대개 공장 제작 시 Base Plate는 가접만 해서 출고하고 현장 설치 시 Welding 하는 것이 바람직하다.

3. Screw Conveyor 적용 검토(Basic Check)

가) Screw Conveyor로 이송될 수 있는 가장 이상적인 물질은 입자가 고르고 Size가 비교적 작은 것이 좋다. 즉 Under 20mm 혹은 Under 30mm가 가장 좋고 표면 경도가 높다면 size가 비교적 고르게 분포되어야 한다.

나) 이송물질의 점도는 비교적 낮아야 하고 점도가 높으면 Screw 표면에 접착되어 이송의 효율이 떨어진다. 혹, 정상적인 조건에서는 이송물질의 점도가 낮으나, 물과 반응하여 점착성이 커진다면 충분히 보완할 필요가 있다(Fly Ash는 물과 혼합되면 점성이 매우 커진다).

다) 이송물질의 온도는 크게 제약을 받지 않으나 상온 이상이면 적절하게 설계에서 보완되어야 한다.

* Support 部를 Sliding 가능하게 Support 부위를 열팽창이 흡수되는 Sliding Type으로 설계한다.
* Motor 측을 Fixed, 반대측을 Loosed or Sliding식으로 한다.
* In, Outlet Chute部에 Expansion Joint 설치한다.
* Screw 재질, Case 재질을 검토한다.

라) Screw Conveyor의 길이는 6meter 이하가 좋다. 6meter 이상이면 축의 처짐량이 1/4"(6.35mm) 이상 되어 컨베이어 중간에 Hanger Bearing을 장착해야 한다. 그러나 Hanger Bearing의 경우 베어링 내면에 이송물질이 침투하여 Bearing 수명이 짧아지고, 진동 발생 및 소음발생 등의 문제를 발생시키는 원인이 된다.

마) Fly Ash와 같이 이송물질이 Powder라면 노점으로 인한 결로현상으로 이송물질의 점성이 커서 운전 불능이 될 수 있다. 그러므로 이슬점이 발생할 수 있는지를 검토하고 발생될 가능성이 있다면 Case 표면에 적절한 Heat tracing이 필요하다(Steam, Electric 등).

4. Screw Conveyor 계산 예

1) 일반 Screw Conveyor 계산식

설계 조건

1. 이송물질 = 비산재(소각 비산재)
2. 설계용량 = 2ton/hr
3. Bulk Density = 300~450kg/m_3,
4. 이송거리 = 6ML(Bearing 간 거리)
5. 양정 = 0.5m(경사)

1. CONVEYOR CAPACITY

$Q = \pi * (D_1^2 - D_2^2)/4 * P * N * r * g * 60$

Q : CONVEYOR CAPACITY (T/hr)

D1 : SCREW DIAMETER = 0.300m

D2 : SCREW SHAFT DIAMETER = 0.1398m

P : SCREW PITCH(INLET 部) = 0.260m

N : SCREW REVOLUTION (RPM) = 30RPM(at 60Hz)

1) Motor RPM

$N_1 = (120 \times F/\ P) \times S$

F = Hz, 한국의 경우 60Hz가 표준이나, VVVF를 이용하여 Hz 변환이 가능하다.

P = motor 극수, 2P, 4P, 6P, 8P.

S = Motor Slip률, 3% 즉, 회전률 = 97%

2) Reducer 출력 RPM, N_2

$N_2 = N_1 \times$ Reducer 감속비

3) Shaft RPM, N_3

$N_3 = N_2 \times$ Sprocket 감속비

Sprocket 감속비= Motor측 잇수/ Shaft측 잇수

$N = (120 \times 60\ /\ 4 \times 0.97) \times (1/30) \times 17/32 = 30RPM$

r : FEED MAT'L BULK DENSITY 0.3T/m^3

g : TROUGH LOAD EFF. (%) = 30% = 0.3 0.3

- Trough loading 효율은 內部 면적에 어느 정도 이송물질을 쌓아 이송할 것인가를 의미한다. 일반적으로는 30~40% 정도이다. 그러나 상부에서 무제한적으로 이송 물질을 공급한다면 g=90% 이상이 된다. 따라서 입구 측에서 Capacity를 제한할 수 없을 때는 대개의 경우 g=90%로 계산한다. 만일 Conveyor가 20˚ 이상 경사로

설치된다면 90% × 70%로 계산한다.

$Q = \pi * (D_1^2 - D_2^2)/4 * P * N * r * g * 60$

$= \pi \times (0.3^2 - 0.1398^2) / 4 \times 0.26 \times 30 \times 0.3 \times 0.3 \times 60$

= 2.33 ton/hour > 2ton/hour ....OK

2. MOTOR POWER (HP) [BASE ON THE CEMA REGULATION]

HP = ((HPf + HPm + HPv) * Fo) / e

HPf = L * N * Fd * Fb / 1,000,000

HPm = C * L * W * Ff * Fp * Fm / 1,000,000

HPv = Cmin * H / 33,000

Fo : OVER LOAD FACTOR(HPf+HPm+HPv에 의한 결정, 31p table3-5 참조)

e : POWER TRANSMISSION EFFICIENCY		0.75
L : CONVEYOR LENGTH (Brg~Brg)	6m	19.7ft
N : SCREW SHAFT RPM		30RPM(60Hz)
Fd : FACTOR FOR SCREW DIAMETER(29p table 3-1 참조)		55
Fb : FACTOR FOR TYPE OF THE BEARING(29p 참조)		1
C : CONVEYOR CAPACITY	$8.133\ m^3/hr$ →	$287.23 ft^3/hr$
Cmin = lbs PER MIN. = (C * W) / 60		134.47lbs/min
W : MAX BULK DENSITY	$0.45 ton/m^3$ →	$28.1 lbs/ft^3$
Fp : FACTOR FOR PADDLE(30p table 3-4 참조)		1
Fm : FACTOR FOR FEED MAT'L(fly ash = 2)		2
Ff : FACTOR FOR TYPE OF THE SCREW		1
H = LIFT HEIGHT(feet)		1.64ft(500mm)
HPf(REQUIRED HP FOR UNLOAD OPERATION)		0.032HP
HPm(REQUIRED HP FOR LOAD OPERATION)		0.318HP
HPv(REQUIRED HP FOR LOAD LIFTING)		0.007HP
∴ HP(MOTOR POWER) → 0.95HP	<	Design 2HP

3. SHAFT 강도계산

T = 71620 * HPs / N

HPs = SELECTED HORSE POWER	2HP
N = SCREW RPM	30RPM
T =	4,775(kg-cm)

SCREW SHAFT에 작용하는 추력, Th

Th = N * 4500 / V	
N = SCREW RPM	30
V = P * N	
P = SCREW PITCH	0.260m
V = 0.26 × 30	7.80m/min
Th =	17,307.7kg

Th에 의한 BENDING MOMENT, M

M = 1/2 * Th * C'	
M = BENDING MOMENT	
C' = 추력발생중심점에서 축의 중심간 거리	
C' = d/2 + h/2	
d = SCREW SHAFT OUT DIA	14cm
h = SCREW FLIGHT HEIGHT (D-d)/2	8.01cm
C' =	10.995cm
M =	95,150kg

T와 M에서 해당 MOMENT, Me

Me = 0.35 * M + 0.65 √ (T^2 + M^2)	
Me =	95,228kg

축경, Dm

Dm^3 = (32 * Me / (3.14 * τ))	
τ = 사용재료의 전단응력(SM45C)	700kg/cm^2
Dm^3 =	1,387cm^3
Dm =	11.16cm

가 설계된 축경이 12cm이므로 만족한다.

4. Shaft Deflection 계산

$\Delta def = (5 \times W \times L^3)/(384 \times E \times I)$

W = Total Weight of Screw(lbs)

= Screw Flight WT + Screw Shaft

= 101kg + 183kg = 284kg, 284kg × 2.2046 = 626.1lbs

L= Shaft Distance(Bearing to Bearing)

= 6m = 236.22inch

E = (철의 영률 = 30 × 10^6)

I = Moment of Inertia of Shaft(단면 2차 모우먼트 (in^4))

= 125A × sch80# 적용

= 829.7cm^4

= 19.88$inch^4$

△def = (5 × 626.1 × 236.22^3) / (384 × 30 × 10^6 × 19.88)

= 0.18inch

= 4.576mm<1/4"(6.35mm)

2) 발전소 Bed Ash 냉각용 Screw Conveyor 계산식

설계 조건

1. 이송물질 = 석탄 화력 발전설비 Bed Ash(For 석문 CFB Boiler)
2. 설계용량 = 2,000kg/hr
3. Bulk Density = 1,041kg/m_3, MAX, Bulk Density = 1,600kg/m^3
4. 입구 측 온도 = 870℃
5. 출구 측 요구 온도 = 120℃
6. 냉각수 요구 온도 = 38℃
7. 냉각수 출구 허용 최대 온도 = 43℃
8. Ash 평균 비열 = 0.24kcal/kg.℃, Coal Bottom Ash(Bed Ash) = 0.24kcal/kg.℃

Coal Fly Ash = 0.227kcal/kg.℃

1. CONVEYOR CAPACITY

$Q = \pi * (D_1^2 - D_2^2)/4 * P * N * r * g * 60$

Q : CONVEYOR CAPACITY(T/hr)

D1 : SCREW DIAMETER = 0.460m

D2 : SCREW SHAFT DIAMETER = 0.323m

P : SCREW PITCH(INLET 部) = 0.120m

SCREW PITCH = SCREW DIMATER * 0.5~1.0

* 만일 screw pitch가 입구 측 및 출구 측에서 서로 다르다면, Pitch가 짧은 쪽이 우선이다.

N : SCREW REVOLUTION(RPM) = 3.61RPM(at 60Hz)

1) Motor RPM

N_1 = (120 × F/ P) × S

F = Hz, 한국의 경우 60Hz가 표준이나, VVVF를 이용하여 Hz 변환이 가능하다.

P = motor 극수, 2P, 4P, 6P, 8P.

S = Motor Slip률, 97%

2) Reducer 출력 RPM, N_2

$N_2 = N_1 \times$ Reducer 감속비

3) Shaft RPM, N_3

$N_3 = N_2 \times$ Sprocket 감속비

Sprocket 감속비= Motor측 잇수/ Shaft측 잇수

N = (120 × 60 / 4 × 0.97) × (1/483) × 직결 = 3.61RPM

r : FEED MAT'L BULK DENSITY = 1.041T/㎥

g : TROUGH LOAD EFF. (%) = 95% = 0.95

- Trough loading 효율은 內部 면적에 어느 정도 이송물질을 쌓아 이송할 것인가를 의미한다. 일반적으로는 30~40% 정도이다. 그러나 상부에서 무제한적으로 이송 물질을 공급한다면 ∅ = 90% 이상이 된다. 따라서 입구 측에서 Capacity를 제한할 수 없을 때는 대개의 경우 ∅ = 90%로 계산한다. 만일 Conveyor가 20˚ 이상 경사로 설치된다면 90% × 70%로 계산한다.

$Q = \pi * (D_1^2 - D_2^2)/4 * P * N * r * g * 60$

$= \pi \times (0.460^2 - 0.323^2) / 4 \times 0.2 \times 3.61 \times 1.041 \times 0.95 \times 60$

= 2.165ton/hour > 2ton/hour ....ok

2. Cooling Water Capacity(max)

2.1) H = Q * △Ta * Ca [kcal/hr]

Q	ASH CONVEYOR CAPACITY(kg/hr)	2,000kg/hr
△Ta	FEED ASH TEMP - DISCHARGE ASH TEMP (℃)	750
	Feed Ash Temperature(Max. ℃)	870
	Discharge Ash Temperature(Max. ℃)	120
Ca	ASH SPECIFIC HEAT (≒0.24kcal/kg℃)	**0.24**

H = Q * △Ta * Ca [kcal/hr]

360,000kcal/hr

2.2) HEAT TRANSFER AREA

AT = H/(△Tm * k) (m²)

H : BOTTOM ASH COOLING 열량 heat volume (kcal/hr)

△Tm : 대수평균 온도차 (℃ LOGARITHMIC MEAN TEMP DFFERENTIAL)

K : 총괄전열계수(kcal/m2.℃.hr OVERAIL HEAT TRANSFER COEFFICIENT) **53.09**

Bed Ash, Steel, Water간 상호 총괄 열전달 계수 = 250kcal/m²hr.℃
예상길이 = 8,000mm
투입구 Pitch = 120mm × 15Pitch
이송부 Pitch = 200mm × 31Pitch
Total Pitch = 43Pitch
배출예상시간 = Pitch/RPM = 46/3.61 = 11.911min
본 설비 총괄 연 전달 계수 = 250 × (11.911min/60) = 53.09

Cooling Water Inlet Temperature(Max. ℃)			38
Cooling Water Outlet Temperature(Max. ℃)			43

△Tm (LMTD)

- 병류 (CO - CURRENT)

Tai →	℃	870	
Tao	℃		120
Two	℃		43
Twi →	℃	38	
T1 = Tai-Twi ℃ T2 = Tao-Two ℃	℃	832	77
△Tm = (T1 - T2) / ln (T1/T2)	℃	△Tm1 =	317

- 항류 (COUNTER - CURRENT)

Tai → Tao	℃	870	
Two ← Twi	℃	43	120
Twi	℃		38
T1 = Tai-Two ℃ T2 = Tao-Twi ℃	℃	827	82
△Tm = (T1 - T2) / ln (T1/T2)	℃	△Tm2 =	322

- COOLING WATER FLOW: SCREW-Count-Current, TROUGH-Co-Current

Average of Count-Current and Co-Current (△Tm1+△Tm2)/2 319.8

∴ AT = H/(△Tm * k) (m2) 21.22

2.3) COOLER LENGTH

L = AT/A (m) (Length from Inlet to Outlet)

AT : HEAT TRANSFER AREA

A : A1 + A2 + A3 + A4

A1 : TROUGH JACKET 전열면적Heat transfer area (m2/m)

= ((π x Dt)/2 + 2 x Hj) × 0.95 = m2/m 1.65

Dt: Trough Inside Dia. m **0.530**

Hj: Height from Trough Center to Top of Jacket m **0.450**

A2 : COVER JACKET 전열면적Heat transfer area(m2/m), <u>**NO COOLING**</u>

= Width × 0.3 = m2/m

A3 : SCREW SHAFT의 전열면적Heat transfer area(m2/m)

= π × D2 = π × 0.318 m2/m 1.01

A4 : SCREW FLIGHT ASH Contact Area(2 Surface), <u>**NO COOLING**</u>

= π × (D12-D22) × g × s / (4 × p) m2/m 0.00

A : A1 + A2 + A3 + A4 2.66 m2/m

∴ L = AT/A <u>**7.97**</u> → **DESIGN 8m. (trough)**

3. COOLING WATER VOLUME

Qw = Q x △Ta x Ca / △Tm x Cw

Q : ASH CONVEYOR CAPACITY(kg/hr) 2,000kg/hr

△Ta : FEED ASH TEMP' - DISCHARGE ASH TEMP' (℃) 870 120

Ca : ASH SPECIFIC HEAT(≒ 0.24kcal/kg℃) 0.24

Tm : 냉각온도 평균차(average cooling water difference) 43 38

Qw = Q × △Ta × Ca / △Tm × Cw

<u>**72,000**</u>kg/hr → DESIGN **79,200**kg/hr

Trough Jacket Cooling Water: 48,999kg/hr

Cover Jacket Cooling Water: 0,000kg/hr

Shaft Cooling Water: 30,201kg/hr

4. WATER INLET & OUTLET PIPE DIA(D)

4.1) TROUGH JACKET WATER INLET & OUTLET PIPE SIZE

Q = π * d2/4 * V → d = √ ((Q * 4)/(π * V))

Q = TROUGH 소요 유량 49.00ton/hr

→ 0.014m³/sec

V = COOLING WATER VELOCITY **4**m/sec

∴ d = √ ((Q * 4)/(π * V)) → 66mm

4.2) COVER WATER INLET & OUTLET PIPE SIZE

Q = π * d2/4 * V → d = √ ((Q * 4)/(π * V))

Q = TROUGH 소요 유량 0.00ton/hr

→ 0.000m³/sec

V = COOLING WATER VELOCITY 4m/sec

∴ d = √ ((Q * 4)/(π * V)) → **0mm**

4.3) SCREW SHAFT WATER INLET SIZE(ROTARY JOINT)

Q = π * d2/4 * V → d = √ ((Q * 4)/(π * V))

Q = SCREW SHAFT 소요 유량 30.20ton/hr

→ 0.008m^3/sec

V = COOLING WATER VELOCITY 4m/sec

∴ d = √ ((Q * 4)/(π * V)) → **52mm**

5. MOTOR POWER (HP) [BASE ON THE CEMA REGULATION]

HP = ((HPf + HPm + HPv) * Fo) / e

HPf = L * N * Fd * Fb / 1,000,000

HPv = Cmin * H / 33,000

Fo : OVER LOAD FACTOR			**2.25**
e : POWER TRANSMISSION EFFICIENCY			**0.75**
L : CONVEYOR LENGTH (Brg~Brg)	**8.3**m		27.2ft
N : SCREW SHAFT RPM			**3.61**RPM(60Hz)
Fd : FACTOR FOR SCREW DIAMETER(CEMA Regulation * 900%)			**2,313**
Fb : FACTOR FOR TYPE OF THE BEARING			**1**
C : CONVEYOR CAPACITY	**1.921**m^3hr	→	67.84ft^3/hr
Cmin = lbs PER MIN. = (C * W) / 60			**12.92**lbs/MIN
W : MAX BULK DENSITY	1.6ton/m^3	→	99.9lbs/ft^3
Fp : FACTOR FOR PADDLE			**1**
Fm : FACTOR FOR FEED MAT'L			**3**
Ff : FACTOR FOR TYPE OF THE SCREW			**1**
H = LIFT HEIGHT (feet)			**2.089895**ft 637mm
HPf(REQUIRED HP FOR UNLOAD OPERATION)			0.227HP
HPm(REQUIRED HP FOR LOAD OPERATION)			0.554HP
HPv(REQUIRED HP FOR LOAD LIFTING)			0.007HP

∴ **HP(MOTOR POWER) → 2.36HP < Design 5HP**

(200% up)

6. SHAFT 강도계산

T = 71620 * HPs / N

HPs = SELECTED HORSE POWER	5HP
N = SCREW RPM	3.61RPM
T =	99.2kg-cm

SCREW SHAFT에 작용하는 추력, Th

Th = N * 4500 / V

N = SCREW RPM	3.61
V = P * N	0.2m
P = SCREW PITCH	0.72m/min
V = 0.2 × 3.61	22,562.5kg
Th =	

Th에 의한 BENDING MOMENT, M

M = 1/2 * Th * C'

M = BENDING MOMENT

C' = 추력발생중심점에서 축의 중심간 거리

C' = d/2 + h/2

d = SCREW OUT DIA	32.3cm
h = SCREW FLIGHT HEIGHT (D-d)/2	6.85cm
C' =	19.575cm
M =	220.2kg

T와 M에서 해당 MOMENT, Me

Me = 0.35 * M + 0.65 √ (T^2 + M^2)

Me =	234,071kg

축경, Dm

Dm^3 = (32 * Me / (3.14 * τ))

τ = 사용재료의 전단응력(SM45C) 700kg/cm^2

Dm^3 =	3,408cm^3
Dm =	15.05cm

기설계된 축경이 20cm이므로 만족한다.

7. Shaft Deflection 계산

$\Delta def = (5 \times W \times L^3)/(384 \times E \times I)$

W= Total Weight of Screw(lbs)

= Screw Flight WT + Screw Shaft (중공축 + 중실축)

= 225kg + (858.2+514)kg = 1,597.2kg, 1,597.2 × 2.2046 = 3,521lbs

L = Shaft Distance(Bearing to Bearing)

= 8.3m = 326.77inch

E = (철의 영률 = 30 × 10^6)

I = Moment of Intertia of Shaft(단면 2차 모우먼트 (in^4))

= 300A × sch60# 적용

= 15,840cm^4

= 380.56$inch^4$

△def = (5 × 3,521 × 326.77^3) / (384 × 30 × 10^6 × 380.56)

= 0.14inch

= 3.56mm<1/4"(6.35mm)

그러므로 안전하다.

8. 내압을 받는 JACKET 두께 계산(FOR WATER COOLING SCREW CONVEYOR)

1) 설계 조건

P = 설계 압력	: 5kg/cm^2
Di = JACKET ROUND(원통형 동체의 부식 후의 안지름)	: 648mm
δ = 재료의 허용인장응력(재료인장강도/4)	: 10.25kg/mm^2
η = 강판에 이음매 대한 용접 효율	: 0.7
α = 부식 여유	: 2mm

2) 설계 계산식(도표 편람 8-52 참조) - 설계조건 삽입 시 계산 예)

t = $\frac{P \times Di}{200 \times \delta \times \eta - 1.2 \times P} + \alpha$이므로 계산하면 다음 수치가 나온다.

t = $\frac{5 \times 648}{200 \times 10.25 \times 0.7 - 1.2 \times 5}$ + 2 = 4.2673mm

= 4.2673mm < 9mm

*** 그러므로 CONVEYOR JACKET는 COOLING WATER 내압에 대해서 충분히 견고하다.

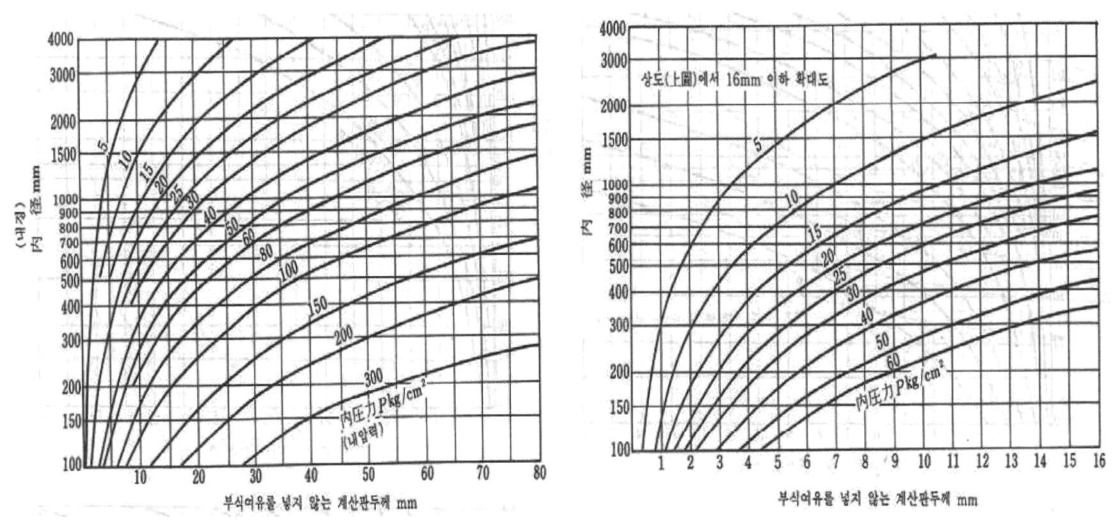

윗의 값은 모두 부식 여유 0일때 이므로 부식여유 및 최소판두께의 결정에 따라 달라질수 있다.

9. 외압을 받는 TROUGH 허용 압력 계산(FOR WATER COOLING SCREW CONVEYOR)

1) 설계 조건(ASME Section VIII, Division 1, 참조)

동체의 두께(t)	12t
부식여유(a)	2mm
동체의 외경(Do)	554mm
외압부의 길이(Lo)	7760mm
(t-a)	10mm
설계온도(℃)	480℃
Do / (t - a)	55.4
Lo / Do	14.00722
A : 형상계수와 직경, 두께계수 교정	: 0.0004
(Do / (t - a) 도선과 Lo / Do 교점을 찾는다)	
B : A값의 온도 그래프 교점	: 300
C : 수직이음 종류에 의한 상수 이음매 없고, 맞대기 적용	: 1

$$P = \frac{4B \times C(ta - a)}{3Do} = Pkg/cm^2$$

$$P = \frac{1200 \times 1\,(10.0)}{3 \times 554} = 7.2202kg/cm^2$$

압력용기구조규격

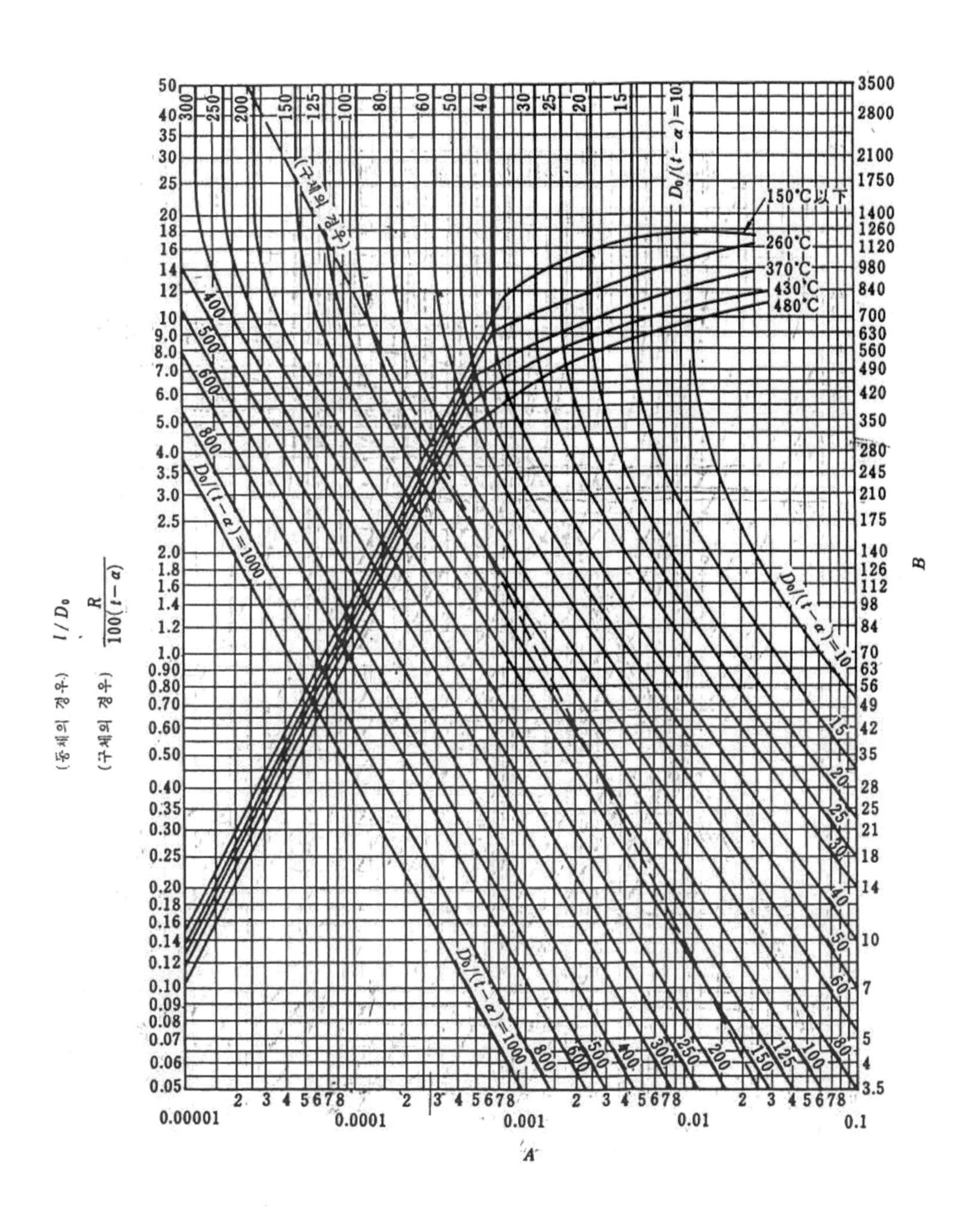

(가)의 2 탄소강 (항복점 21kg/mm²이상 27kg/mm²미만)
열간압연스테인리스강판 38종 · 51종
냉간압연스테인리스강판 38종 · 51종

압력용기구조규격

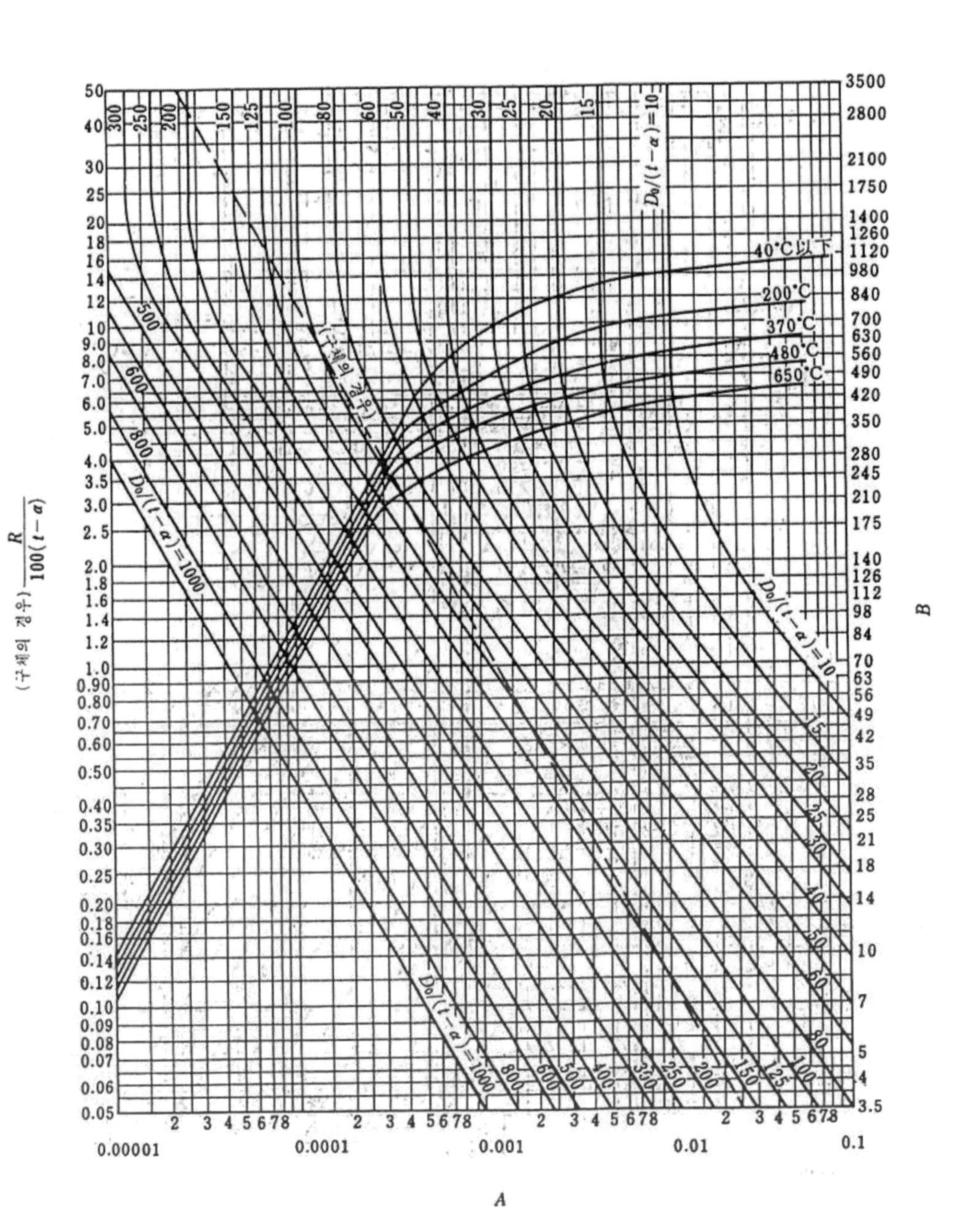

(다)의 1 열간압연스테인리스강판 27종
냉간압연스테인리스강판 27종

압력용기구조규격

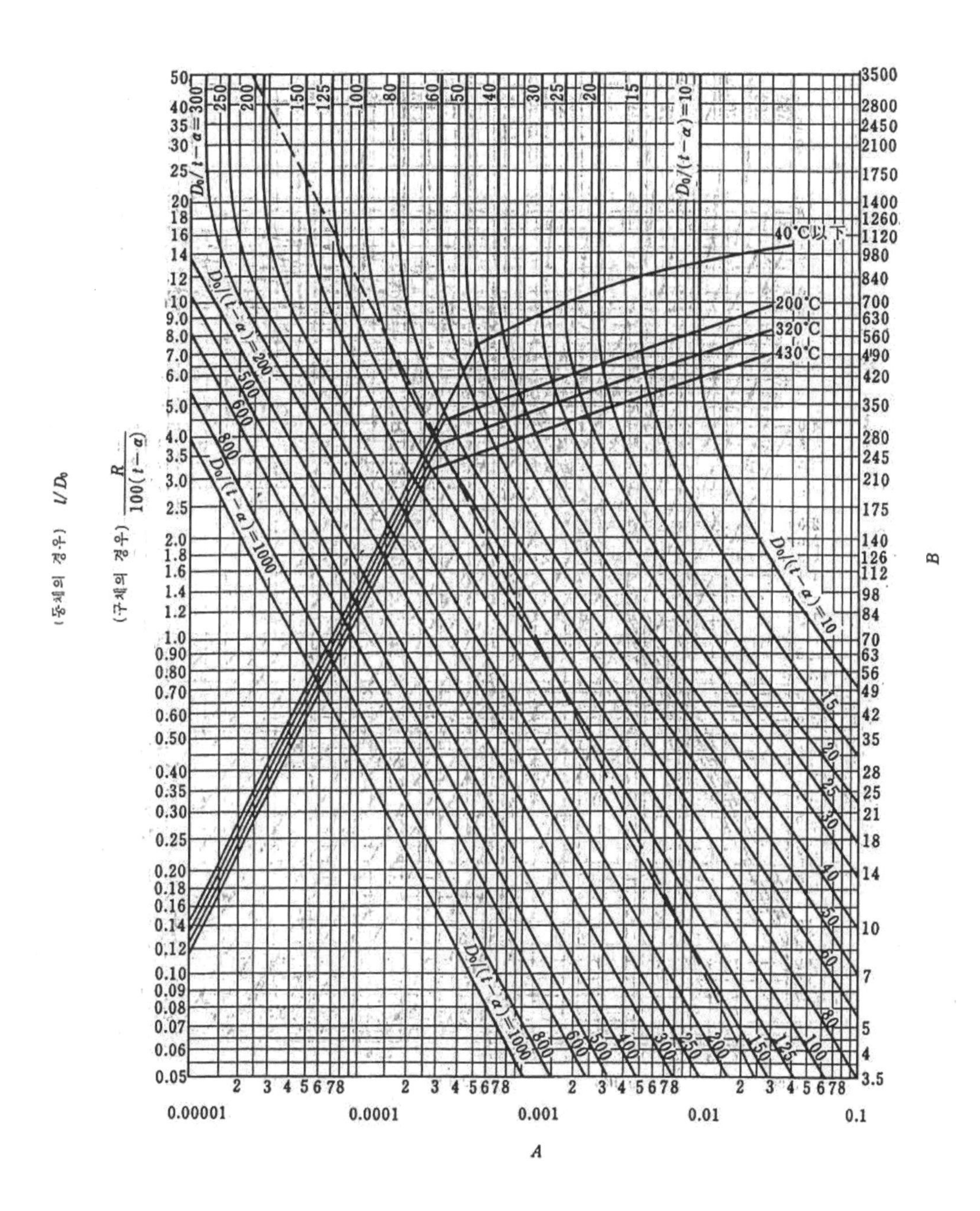

(다)의 2 열간압연스테인리스강판 28종
냉간압연스테인리스강판 28종

3) 변형된 Screw Conveyor

가) Cooling Screw Conveyor

일반 Screw Conveyor Case에 Jacket을 치부하여 그 Jacket에 Cooling Water를 공급시켜 이송물질 온도를 저하시킨다.

사용 예) 석탄보일러, 기름보일러 하부 Boiler Ash
Feeding Conveyor
Boiler 하부 Ash 온도가 250˚C 이상이므로 일반 Screw Conveyor로 처리하기는 부적합하고 그 후속 공정에서 250˚C ASH를 처리 시 비용이 많이 나가므로 가격이 비교적 저렴한 Cooling Screw Conveyor를 사용한다.

Ash 온도가 매우 높을 때는 Case Jacket 안으로 Cooling Surface가 부족하므로 중공 축 部에도 Cooling Water를 공급한다. (별첨 FIG-2)

- 소각설비 中 유동상식 소각 설비에서 불연 물 배출 Conveyor로 사용되는 경우가 있으나, 이때는 Screw Flight와 case 사이의 gap이 약 50~60mm 이상 커야 불연물 中 Size가 큰 물질이 gap에서 끼이는 현상이 없다.
그리고 Pitch가 비교적 크다.
- Fly Ash에는 Water Cooling Type로 사용하면 문제의 요인이 된다.
- Water Cooling시 Case 내부에서 이슬점으로 인하여 Fly Ash가 굳는다. 그러므로 Water Cooling이 아닌 Air Cooling 식으로 디자인한다(Fly Ash의 온도가 200℃ 정도이므로 Air Cooling 식으로 Design 하여도 문제가 되지 않는다).

나) Pug Mill

일반 Screw Conveyor에서 Screw 대신 Paddle을 취부하여 Mixing을 하거나 혹은 덩어리가 큰 이송물질을 수송한다.

사용 예) 도시 소각 설비, CFB Boiler에서 Fly Ash를 Water의 Mixing하여 Truck, 혹은 Bunker로 이송시킨다. (별첨 FIG-3)

다) Mixing Machine (혼합기) -FIG-4 참조-

- Screw Conveyor + 방해 paddle 취부식으로서 Screw 部에서는 Feeding하는 역할을 하고 방해 paddle部에선 Mixing하는 역할을 한다.
방해 Paddle이 있으므로 그 사이에서 Mixing된다(절구와 절구통의 원리와 같다).
그러므로 motor kW는 일반 Screw Conveyor보다 매우 크다.

즉 3.4ton/HR를 Mixing 및 Feeding 시키기 위해서는 45kW × 6P Motor를 필요로 한다(비산재 비중에 따라서 처리량 및 모터 용량은 변경될 수 있음).
혼합기에는 대개의 경우 Fly ASH, Cement, 그리고 Water 및 chelate를 Mixing한다.
그 비율은 다음과 같다.

Fly Ash	100m^3	1m^3
CEMENT	15m^3	15kg
WATER	30m^3	30 ℓ
CHELATE	5m^3	5 ℓ

* 혼합기 하부에서 성형기(Molding Machine)를 장착하여 성형 시 그 강도는 10kg/cm^2이상이며 Size는 다음과 같다.

매립
- 체적 / 면적≥1
- 최대치수 / 최소치수 ≤≥2, 최소치수 ≥5cm

해양 투기
- 체적 / 면적 >/=5
- 최대치수 / 최소치수 </=3, 최소치수≥3cm

참조: 上記 기준은 비회에서 토양에 유해물질을 배출시키므로 보다 안전성 있는 고형화를 하기 위해서 일본 환경청장관이 정하는 규정이다. 우리나라의 경우 규정이 없다.

5. Screw Conveyor 참조 도면

1) 일반적인 Screw Conveyor(U-Type)

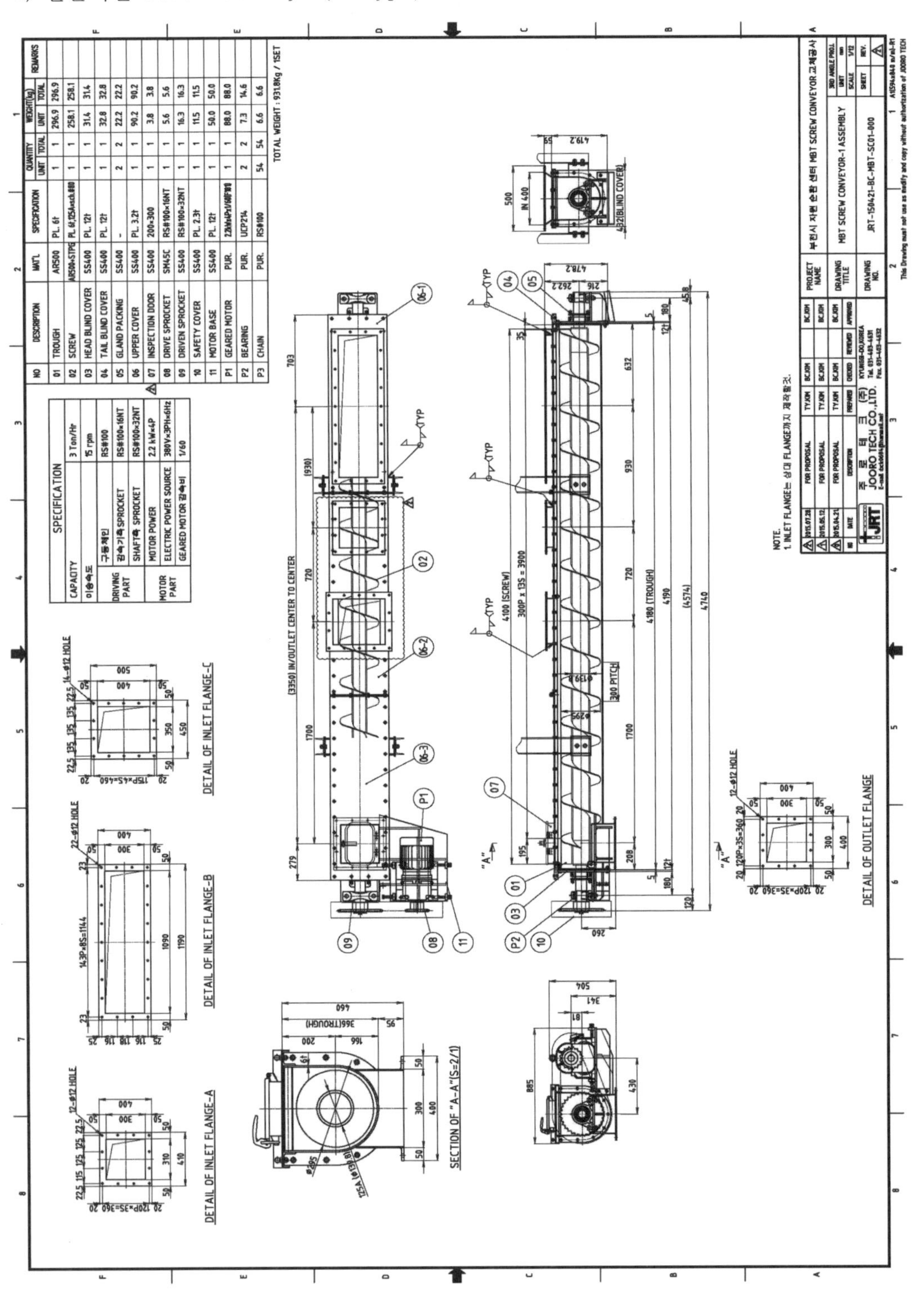

2) 일반적인 Screw Conveyor(O-Type)

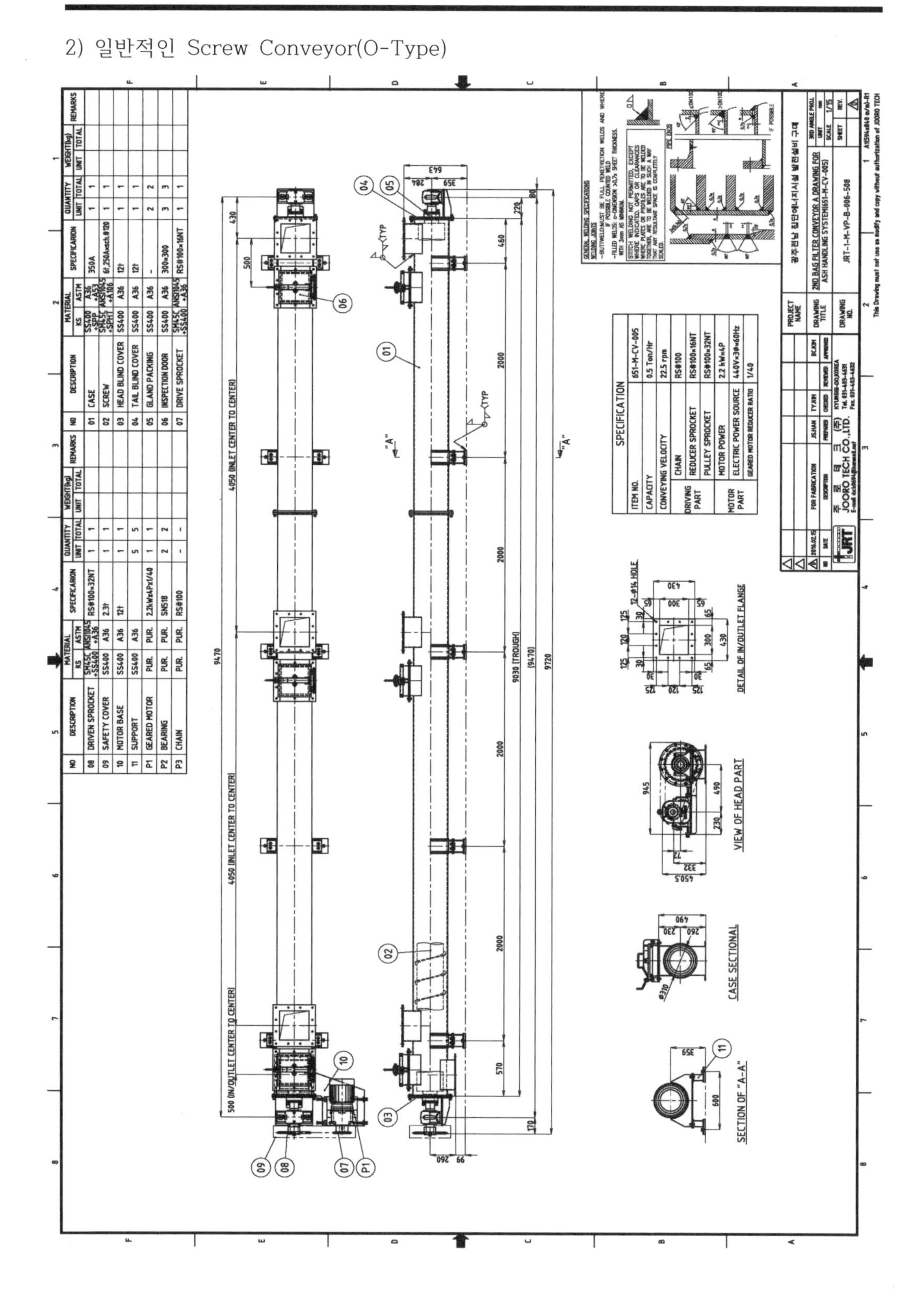

3) 변형된 Screw Conveyor(Paddle Mixer)

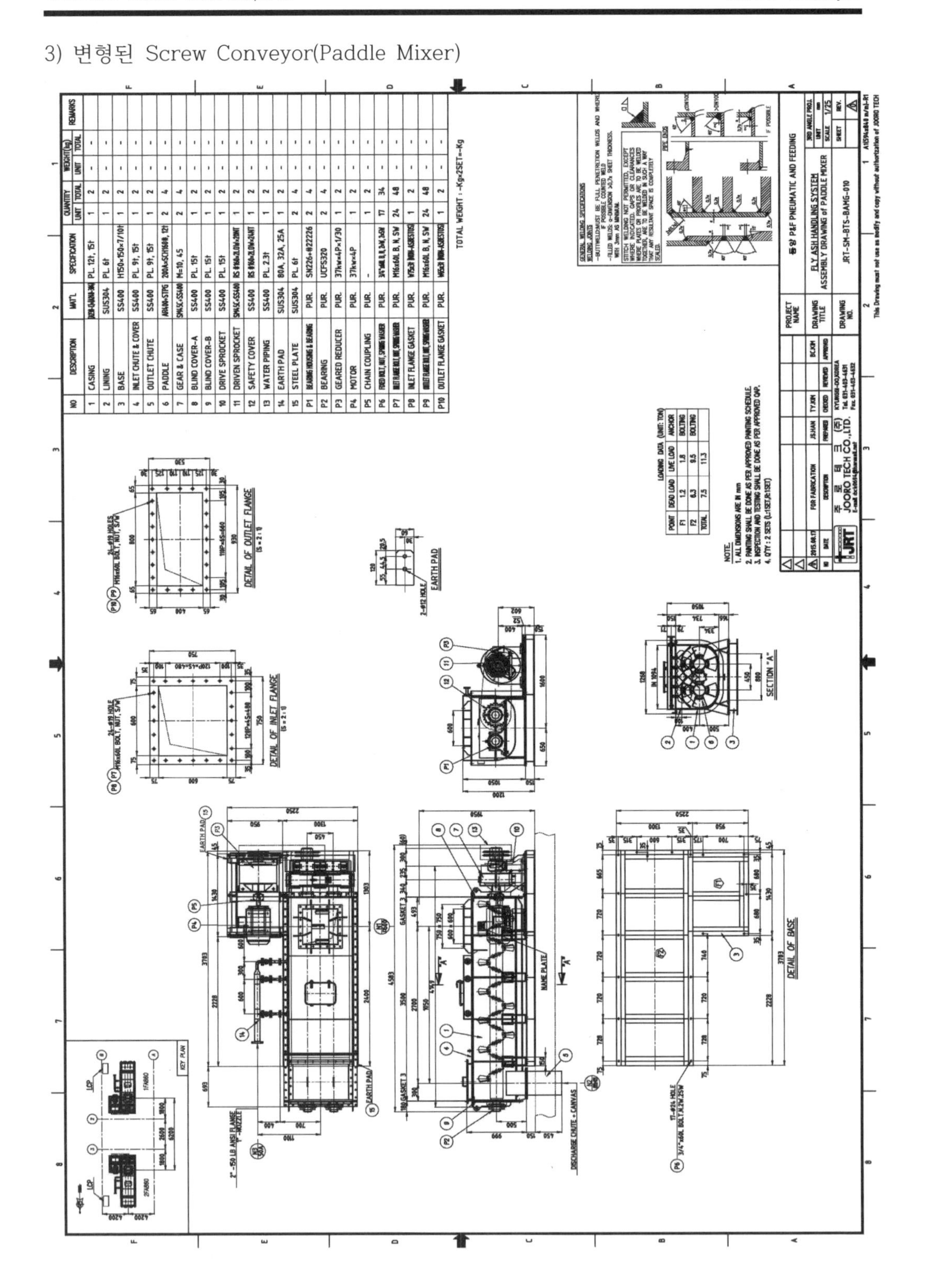

NO	DESCRIPTION	MAT'L	SPECIFICATION	QUANTITY UNIT	QUANTITY TOTAL	WEIGHT(kg) UNIT	WEIGHT(kg) TOTAL	REMARKS
1	CASING	[illegible]	PL. 12t, 15t	1	2	-	-	
2	LINING	SUS304	PL. 6t	1	2	-	-	
3	BASE	SS400	H150×150×7/10t	1	2	-	-	
4	INLET CHUTE & COVER	SS400	PL. 9t, 15t	1	2	-	-	
5	OUTLET CHUTE	SS400	PL. 9t, 15t	1	2	-	-	
6	PADDLE	AR400+STPG	200A×SCH160#, 12t	2	4	-	-	
7	GEAR & CASE	SM45C+SS400	M=10, 45	2	4	-	-	
8	BLIND COVER-A	SS400	PL. 15t	1	2	-	-	
9	BLIND COVER-B	SS400	PL. 15t	1	2	-	-	
10	DRIVE SPROCKET	SS400	PL. 15t	1	2	-	-	
11	DRIVEN SPROCKET	SM45C+SS400	RS #160×2L0W×20NT	1	2	-	-	
12	SAFETY COVER	SS400	RS #160×2L0W×24NT	1	2	-	-	
13	WATER PIPING	SS400	PL. 2.3t	1	2	-	-	
14	EARTH PAD	SUS304	80A, 32A, 25A	1	2	-	-	
15	STEEL PLATE	SUS304	PL. 6t	2	4	-	-	
P1	BEARING HOUSING & BEARING	PUR.	SN226+#22226	2	4	-	-	
P2	BEARING	PUR.	UCFS320	2	4	-	-	
P3	GEARED REDUCER	PUR.	37kw×4P×1/30	1	2	-	-	
P4	MOTOR	PUR.	37kw×4P	1	2	-	-	
P5	CHAIN COUPLING	PUR.	-	1	2	-	-	
P6	FIXED BOLT, NUT, SPRING WASHER	PUR.	[illegible]	17	34	-	-	
P7	INLET FLANGE BOLT, NUT, SPRING WASHER	PUR.	M16x60L B, N, SW	24	48	-	-	
P8	INLET FLANGE GASKET	PUR.	W75x3t (NON-ASBESTOS)	1	2	-	-	
P9	OUTLET FLANGE BOLT, NUT, SPRING WASHER	PUR.	M16x60L B, N, SW	24	48	-	-	
P10	OUTLET FLANGE GASKET	PUR.	W65x3t (NON-ASBESTOS)	1	2	-	-	

TOTAL WEIGHT : -Kg×2SET=-Kg

LOADING DATA (UNIT: TON)

POINT	DEAD LOAD	LIVE LOAD	ANCHOR
F1	1.2	1.8	BOLTING
F2	6.3	9.5	BOLTING
TOTAL	7.5	11.3	

4) 변형된 Screw Conveyor(Ash Cooler)

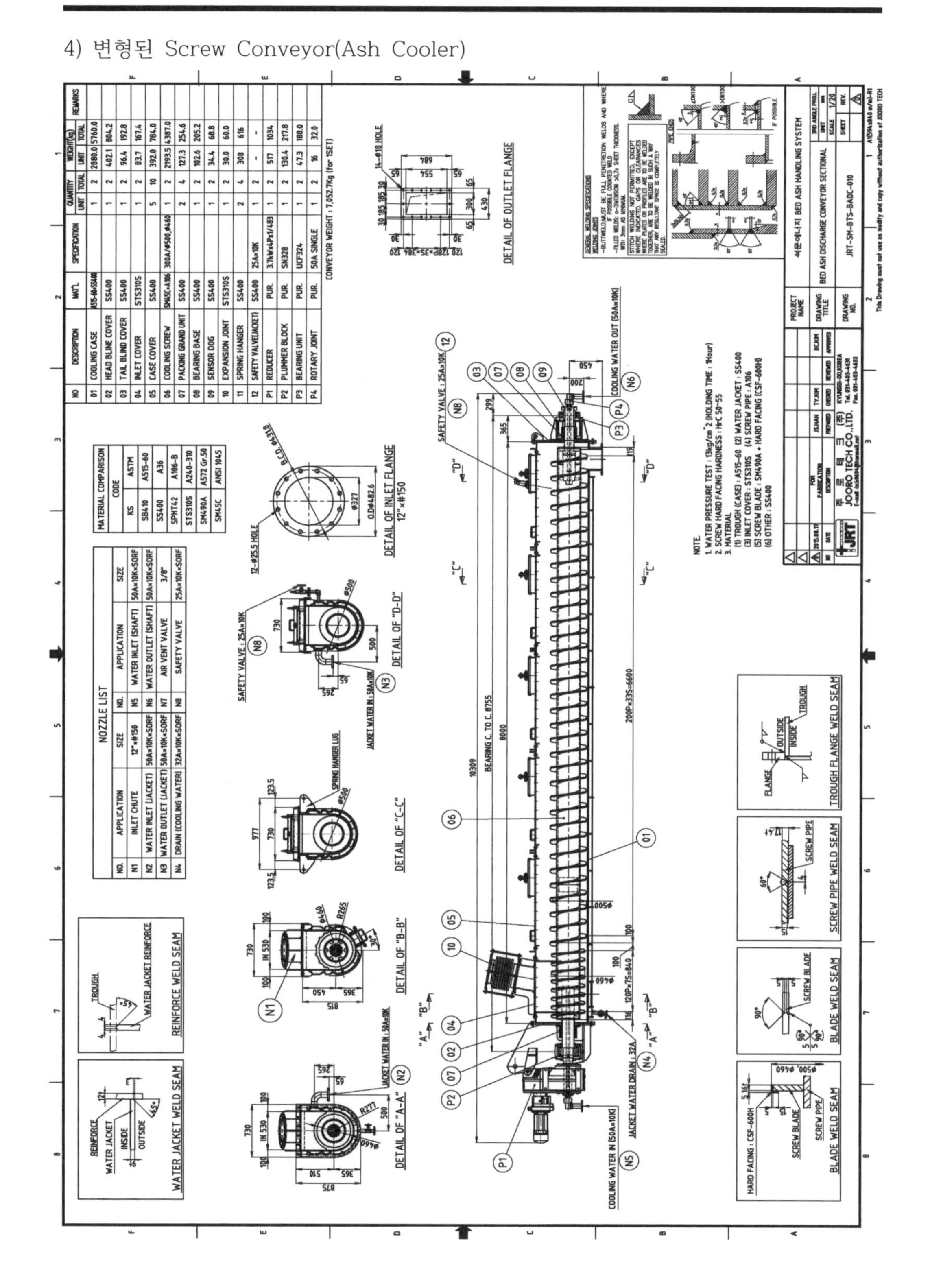

5) 변형된 Screw Conveyor(Rod Mixer)

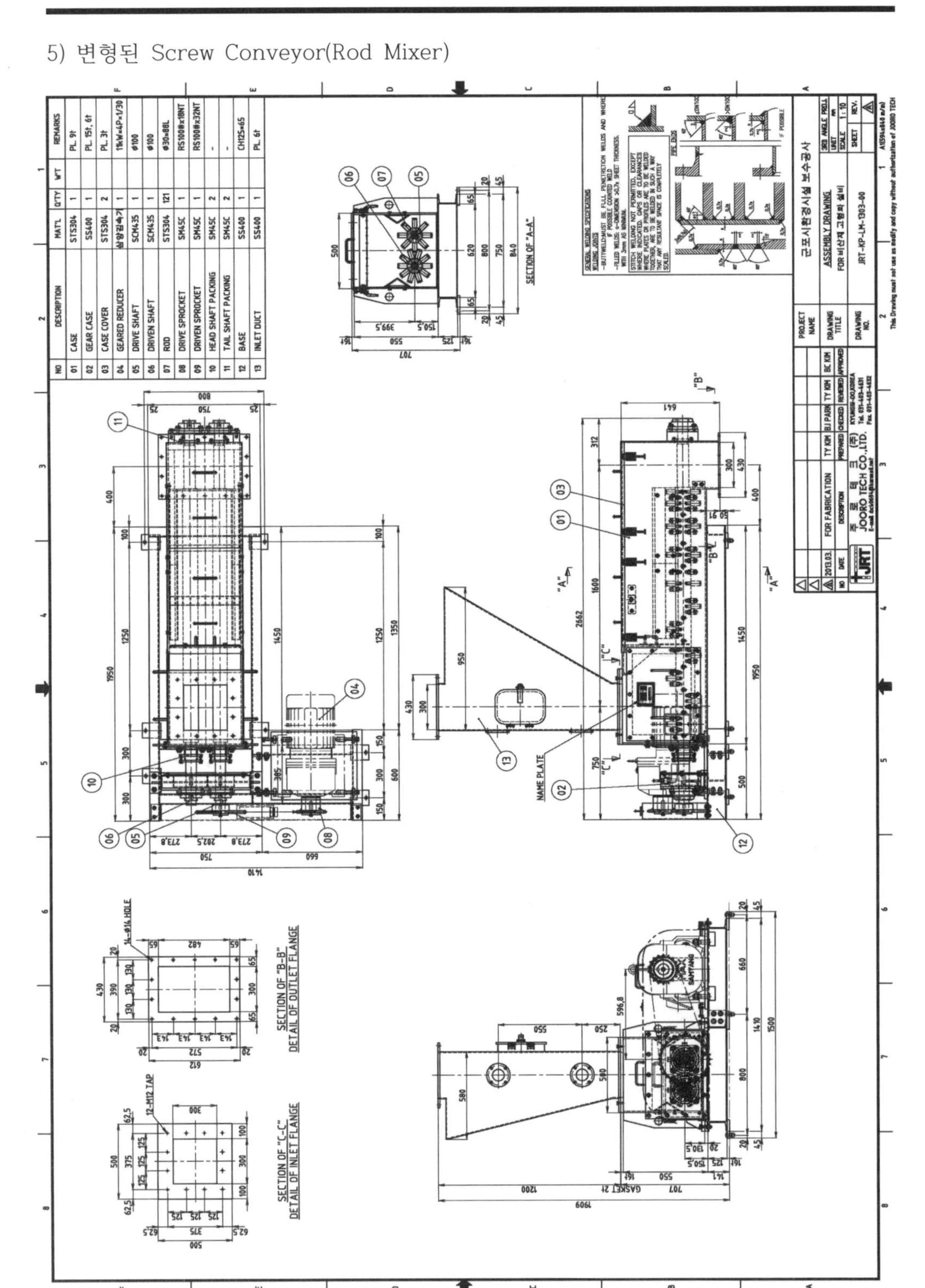

6. Screw Conveyor 사진

(1) Screw Cooler

(2) Pug Mill

(3) Rod Mixer(혼합기)

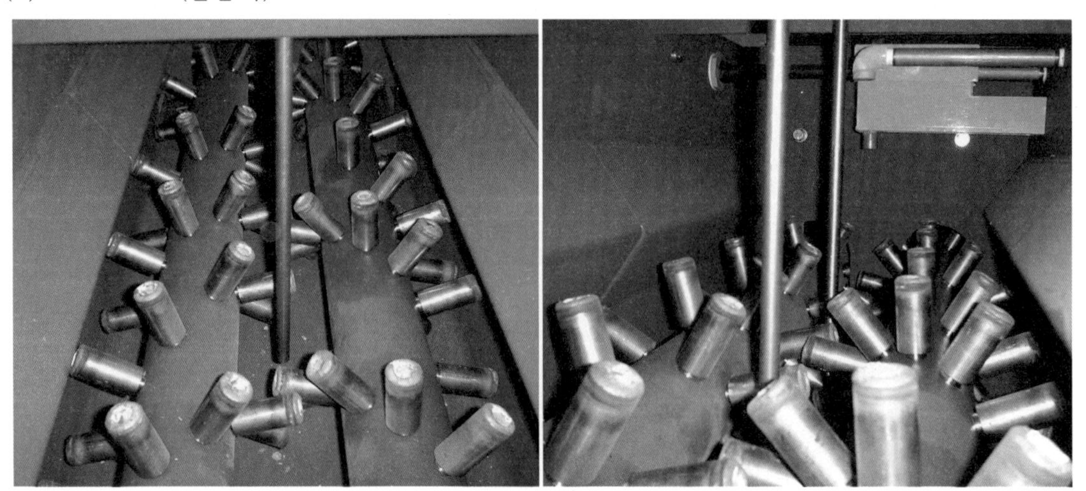

7. Operation & Maintenance Manual

1) Screw Conveyor

1. 서론

본 운전 및 유지관리 지침서는 주로테크에서 설계, 제작한 "Screw Conveyor"의 설치, 운전, 보수 등의 목적으로 작성하였습니다.
만일, 본 지침서에 언급되지 않은 다른 문제가 발생된다면 당사로 연락 주시면 언제든지 귀사에 도움을 줄 것입니다.

2. 현장 보관 시 주의사항

2-1. "Screw Conveyor"는 Full Set로 당사 공장에서 조립되어 시운전 및 기타 검수 과정을 걸쳐서 합격한 제품을 귀사가 지정하는 장소(Site)에 납품되며, 운반 과정 및 상, 하차 시 Damage가 없도록 적절한 포장을 한 후 납품됩니다.

2-2. Site 보관 시 주의사항

1) 납품된 기계 위에 다른 설비를 적재하지 마십시오.
2) 통풍이 잘 되어야 하며, 습한 지역을 피하여 보관하여 주십시오.
3) 이물질이 케이스 내부에 유입되지 않도록 주의 요망(돌멩이, 용접봉, 기타 물질).
   - 최초 시운전시 이러한 이물질은 운전 장애 및 소음의 주원인이 됩니다.
4) Motor 혹은 기타 계장 Item은 특별히 관리를 하십시오.
5) 현장 보관 시 다음과 같은 장소에서 보관하십시오.
   - 다습하지 않으며 통풍이 잘 되는 지역
   - 바닥이 평평한 지역
   - 우박, 눈, 비 등으로부터 보호되는 지역
6) 운반 및 기타 다른 사유로 인해 Shop에서 분리되어 납품된 부분은 분실 또는 파손 등에 특히 주의하십시오.
7) 현장에서 장기간 보관될 시에는 방청 처리된 부위나, Grease Oil이 충전된 부위에는 방청유 및 Grease Oil을 충분히 발라 주십시오.
8) 점검구 등을 Packing이 파손되지 않도록 관리하여 주십시오.

3. 설치 시 유의사항

1) 현장에 투입된 기자재가 Packing List와 일치하는가를 확인하여 불일치할 경우 즉시 주로테크에 서면으로 통보하여 조치할 수 있도록 해야 합니다.
2) 기자재가 현장으로 운송하는 도중, 충격 등으로 인해 파손 및 손상이 있을 경우, 즉시 현황을 파악하여 주로테크에 통보하여 조치할 수 있도록 해야 합니다.
3) 현장에 도착한 기자재의 하차, 보관, 설치, 및 시운전시 파손 또는 손상되지 않도록 주의하십시오.
4) 모든 설치용 기자재는 Lifting 하기 전에 이상 유무를 필히 확인 후 설치 작업을 하고, 이상이 있을 시 Supervisor와 협의하여 보완 및 수정하십시오.

4. 설치 및 조립순서

1) Screw Conveyor 배출구 Flange 치수를 재확인하십시오.
2) 상부 하부 Valve 혹은 게이트의 투입 Flange 치수를 확인하십시오.
3) 모든 체결 볼트(Bolt)는 완전히 조여 주십시오.
4) 설치 후 Site 용접 부위는 청소한 후 도장하십시오.

5. 설치 시 확인사항

1) 스크류 날개 회전 방향은 이송 방향인가?
2) 감속기의 회전 시 감속기 비치 본체에서 소음은 발생되지 않는가?
3) 체결 볼트(Bolt)의 조임 상태는 양호한가?
4) 기계 작동 시 소음은 발생되지 않는가?
5) 설비 주변에는 간섭 요인이 없는가?
6) 유지보수를 위한 공간은 있는가?
7) 구동체인에서 진동, 이음은 없는가?

6. 무 부하 운전 시 확인사항

1) 본 Screw Conveyor는 Silo의 저장물질을 배출·이송하기 위해서 설치됩니다.
2) Screw Conveyor의 조작 시 다음에 주의하여 운전하십시오.
   - 시운전 시 특별히 주변의 안전에 주의하여야 합니다.
     구동 스위치를 동작하기 전에 충분히 주변의 간섭 유무를 검토하십시오.

- 구동 시 본체 내부를 확인하여 소음이나 이음이 발생하는지 확인하십시오.
- 동력전달용 체인의 회전 상태가 원만한지 확인하십시오.
- 구동체인의 장력은 적절한지 확인하십시오.
- 이송물질이 누설될 수 있는 부위가 있는지 확인하십시오.

3) 최소 48시간 이상 무 부하 운전을 하십시오.

4) 부하 운전 조건

가) Screw Conveyor 상부 로터리 밸브 혹은 게이트의 동작 및 열림 상태를 확인하세요.

나) 비상배출 밸브가 열려 있다면 저장조의 레벨과 관계없이 운전됩니다.

7. 수시 점검사항

순서	점검 부위	주기	점검 내용
1	Screw의 마모상태	매월	Screw의 마모상태를 확인하여 날개 직경의 1/4 이상 마모 시 날개 끝 면을 용접육성하십시오.
2	감속기 소음, 발열 및 Oil 양 상태	매주	감속기의 소음상태, 발열상태, Oil 양을 확인하십시오. (감속기 보수지침서 참조)
3	Chain 장력 상태	매월	구동체인의 장력을 확인 후 조정하십시오. (감속기 베이스 Adjust Bolt 사용)
4	Bearing(베어링)	매주	Grease Oil 주입 상태를 확인하십시오. - 베어링의 진동 및 이음 여부를 확인하십시오. - 베어링의 발열 상태를 확인하십시오.
5	체결용 볼트(Bolt)	매월	고정용 볼트(Bolt)의 체결 상태를 확인하십시오.

8. TROUBLE SHOOTING

1) 주의사항

- 기계가 가동 중일 때에는 점검 및 보수를 절대 하지 마십시오.
- 회전하는 기계 부위에는 손 및 옷자락이 들어가지 않도록 주의하십시오.
- 관계자 외에는 조작 Switch에 절대 손을 대지 마십시오.
- 보수 및 점검 중일 때에는 Local Switch 및 Main Switch를 "OFF"시키고, "촉수엄금" 등의 표지판을 부착시키십시오.

2) TROUBLE SHOOTING

순서	고장현상	확인 및 조치사항
1	작동되지 않는다.	- 전원이 들어 왔는지 확인한다. - 감속기(Cyclo Reducer)의 파손여부를 확인한다. 감속기의 운전보수 지침서 참조 - MCR의 Magnet Switch를 확인한다. - 구동체인의 파손 여부를 확인한다. - 축(Shaft)의 파손여부를 확인한다.
2	작동은 되나 이송물이 배출되지 않는다.	- 축의 파손유무를 확인한다. - 구동체인의 상태를 점검한다. - 내부 막힘 여부를 확인한다. - 베어링의 파손 및 급유 상태를 확인한다.
3	진동 및 소음이 발생한다.	- 구동체인의 윤활상태를 확인한다. - 감속기 Frame 용접부 크랙 상태를 확인한다. - 베어링의 파손 및 급유 상태를 확인한다. - 기타 조립용 볼트 조임상태를 확인한다.
4	Stuffing Box에서 Dust가 새어 나온다.	- Packing Gland의 조임 볼트(Bolt)를 조여 주십시오. - Packing Housing 내에 삽입된 Packing을 교체하십시오.

2) Paddle Mixer

1. 서론

- 본 운전 및 유지보수 지침서는 주로테크에서 설계되고, 제작된 Pug Mill (Moist. Equip)의 설치 그리고 운전 및 보수에 적용하며, 올바른 유지 관리로 수명을 연장하기 위해서 작성하였으며, 설치 시 설치자는 본 지침서를 필히 숙지한 후 설치하십시오.

2. 현장보관 시 주의사항

1) 납품된 혼합기(Pug Mill) 기계 위에 다른 설비를 적재하지 마십시오.
2) 통풍이 잘 되어야 하며, 습한 지역을 피하여 보관하여 주십시오.
3) 이물질이 케이스 내부에 유입되지 않도록 주의하십시오(돌멩이, 용접봉, 기타 물질).
   - 최초 시운전 시 이러한 이물질은 운전 장애 및 파단 또는 소음의 주원인이 됩니다.
4) Motor 혹은 기타 계장 Item은 특별히 관리를 하십시오.
5) 현장 보관 시 다음과 같은 장소에서 보관하십시오.
   - 다습하지 않으며 통풍이 잘 되는 지역
   - 바닥이 평평한 지역
   - 우박, 눈, 비 등으로부터 보호되는 지역
6) 운반 및 기타 다른 사유로 인해 Shop에서 분리되어 납품된 부분은 분실 또는 파손 등에 특히 주의하십시오.
7) 현장에서 장기간 보관될 시에는 방청 처리된 부위나, Grease Oil이 충전된 부위에는 방청유 및 Grease Oil을 충분히 발라 주십시오.

3. 설치 시 유의사항

1) 현장에 투입된 기자재가 Packing List와 일치하는가를 확인하여 불일치할 경우 즉시 주로테크에 서면으로 통보하여 조치할 수 있도록 해야 합니다.
2) 기자재가 현장으로 운송하는 도중, 충격 등으로 인해 파손 및 손상이 있을 경우, 즉시 현황을 파악하여 주로테크에 통보하여 조치할 수 있도록 해야 합니다.
3) 현장에 도착한 기자재의 하차, 보관, 설치 및 시운전시 파손 또는 손상되지 않도록 주의하십시오.

4) 모든 설치용 기자재는 Lifting하기 전에 이상 유무를 필히 확인 후 설치 작업을 하고, 이상이 있을 시 Supervisor와 협의하여 보완 및 수정하십시오.

4. 설치 및 조립 순서

1) 기초 작업이(철골작업) Arrangement DWG. & Foundation DWG.와 같이 이루어져 있는지 확인 하십시오.
2) 본체를 Center Line에 위치시키고 Level을 측정한 후 Setting 하십시오.
3) 모든 체결 볼트는 완전히 조여 주십시오.
4) Inlet Chute 및 Outlet Chute에 Expansion Joint 및 Fabric을 조립하십시오.
5) Pug Mill Frame 및 감속기 Base 등 견고하게 Site 용접 후 용접부위는 청소한 후에 도장하십시오.

5. 설치 후 최초 구동 시 확인사항

1) 내부 패들의 회전 방향 및 구동체인의 회전 방향은 올바른가?
2) 설비 구동 시 COMMON BASE에서 이음 및 소음 발생은 없는가?
3) 기초 볼트(ANCHOR BOLT) 및 체결 볼트(BOLT)의 조임 상태는 양호한가?
4) 기계 작동 시 소음은 발생되지 않는가? 그리고 진동은 허용범위 이내인가?
5) DRIVE CHAIN의 TENSION은 적절한가?

6. 조작 방법(OPERATION)

1) Pug Mill은 Two Shaft Paddle Type으로 Dust와 물의 혼합 배출을 위해 설치됩니다.
2) Pug Mill의 조작 시 다음에 주의하여 운전하십시오.
   - 시운전 시 2인이 1조가 되어 1인은 구동부에서, 또는 다른 1인은 배출구에서 시운전을 하여야 한다.
   - 구동 시 본체 내부를 확인하여 소음이나 이음이 발생하는지 확인하십시오.
   - 구동 부위의 Chain과 Sprocket 간의 동력 전달 상태가 원만한지 확인하십시오.
   - Drive Chain 장력은 Motor Base에서 조절하게 되어 있으며, 장력은 수시로 점검하십시오.
3) 최소 48시간 이상 무 부하 운전을 하십시오.

4) 솔레노이드 밸브를 개폐하여 가습수의 분무 상태를 점검하십시오.

5) 조작 순서는 다음과 같습니다.

가) 가습물질을 실을 수 있는 트럭이 대기한 상태에서 다음과 같이 조작한다.

나) Pug Mill을 가동한다.

다) Pug Mill 가습수 공급 솔레노이드 밸브를 Open한다.
가습수의 분무 상태를 육안으로 확인한다.

라) 로터리 밸브를 동작시킨다.

마) Slide Gate를 Open한다.

바) Dust와 Spray Water의 Flow Rate를 조정한다.
(Spray Water량은 공급되는 Dust 중량 Base로 30%량을 가습한다.)

사) Dust Silo(저장조)의 Dust량을 확인한다.
Dust량은 Load Cell Controller에서 확인 가능함.

아) 다음 조건 중 한 개라도 해당되면 설비를 정지시킨다.

- Dust가 없다.
- Water가 공급되지 않는다.
- 가습물질을 받을 트럭이 준비되지 않았다.
- Paddle의 마모 등의 이유로 가습상태가 불량해졌다.

7. 상시 점검사항

순서	점검 부위	주기	점검 내용
1	Screw, Paddle의 마모 상태	매월	Screw, Paddle의 마모 상태를 확인하여 날개 직경의 1/4 이상 마모 시 날개 끝 면을 용접 육성 또는 screw, Paddle을 교체하십시오.
2	감속기 소음, 발열 및 Oil 양 상태	매주	감속기의 소음상태, 발열상태, Oil 양을 확인하십시오. 감속기 유지보수 지침서를 참조하십시오.
3	Chain의 장력 상태	매월	Motor Base에 취부되어 있는 Adjusting Bolt를 이용하여 장력을 조절하십시오.
4	Bearing(베어링)	매주	- 그리스 오일 주입 상태를 확인하십시오. * Grease Oil 주입 상태가 불량하면 Shaft와 Bearing Bush가 일체되어 회전하지 않고 각기 개별적으로 회전하는 현상이 일어납니다. * Grease Oil 주입 시 베어링과 하우징 사이의 공간으로 Grease Oil이 빠져 나올 때까지 주입하십시오. - Bearing에 소음 및 진동이 있는지 확인하십시오. - 항시 발열상태를 확인하여 대기 온도보다 40℃ 이상 발열 시 가동을 중지하고 조치를 취하십시오.
5	체결용 볼트(Bolt)	매월	기초 볼트(Anchor Bolt)등 고정용 볼트의 체결 상태를 확인하십시오.

8. TROUBLE SHOOTING

1) 주의사항

- 기계가 가동 중일 때에는 점검 및 보수를 절대 하지 마시오.
- 회전하는 기계 부위에는 손 및 옷자락이 들어가지 않도록 주의하시오.
- 관계자 외에는 Control Panel 모든 Switch에 절대 손을 대지 마시오.
- 보수 및 점검 중일 때에는 판넬에 Local Switch 및 Main Switch를 "OFF" 시키고, "촉수엄금" 등의 표지판을 부착시키시오.

2) TROUBLE SHOOTING

순서	고장 현상	확인 및 조치사항
1	작동되지 않는다.	- 전원이 들어왔는지 확인하십시오. - 감속기(Geared Motor)의 파손여부를 확인하십시오. - MCR의 Magnet Switch를 확인하십시오. - 구동 Chain의 끊어짐을 확인하십시오. - 축(Shaft)의 파손여부를 확인하십시오.
2	작동은 되나 이송량이 배출되지 않는다.	- 구동체인의 파손 여부를 확인하십시오. - 배출구의 막힘 여부를 확인하십시오. - 컨베이어 상부 게이트 열림 여부를 확인하십시오.
3	진동 및 소음이 발생한다.	- 기초볼트(Anchor Bolt)부의 풀림 상태를 확인하십시오. - 베어링의 파손 및 급유 상태를 확인하십시오.
4	Stuffing Box에서 Dust가 새어 나온다.	- Packing Gland의 조임 볼트를 조여 주십시오. - Packing Housing 내에 삽입된 Packing을 교체하십시오.